提问的逻辑

如何让别人特别想跟你聊下去

高　飞◎著

長江出版傳媒　湖北科学技术出版社

提问的逻辑：
如何让别人特别想跟你聊下去

图书在版编目（CIP）数据

提问的逻辑：如何让别人特别想跟你聊下去 / 高飞著. -- 武汉：湖北科学技术出版社，2018.3

ISBN 978-7-5352-9963-5

Ⅰ. ①提… Ⅱ. ①高… Ⅲ. ①提问－言语交往－通俗读物 Ⅳ. ①B842.5-49

中国版本图书馆 CIP 数据核字（2017）第 317356 号

责任编辑：李　佳

封面设计：仙　境

出版发行：湖北科学技术出版社

www.hbstp.com.cn

地　　址：武汉市雄楚大街 268 号出版文化城 B 座 13-14 层

电　　话：027-87679468

邮　　编：430070

印　　刷：三河市兴达印务有限公司

邮　　编：100024

印　　张：15.5

开　　本：690mm×980mm　1/16

版　　次：2018 年 3 月第 1 版

印　　次：2018 年 3 月第 1 次印刷

定　　价：39.80 元

前 言

想要进行一场成功的对话，你不仅要“会倾听”，而且要“会提问”。曾经有人说过这样一段话：“高效能的提问可以帮助你洞悉身边人的真实想法，而不仅仅是倾听。一个不会倾听的人很难得到人们的尊重，而一个不会提问的人则会让所有的对话都失去生机。”那么，你该如何改善那些不够愉快的对话呢？

这是一个“好问题”，我们甚至将“如何让别人特别想跟你聊下去”作为本书的第一个主题进行讨论。这个问题说明对话是复杂的、不以人的意志为转移的，也许有90%以上的对话对于我们而言都是情非所愿，但你必须很好地完成它。这就是我们的日常生活——我们的对话都流于形式。

为什么大部分人的对话都流于形式？因为我们的对话总是处在一种“标准程序”的层面——如何提问、回答，似乎均有迹可循，有模板可以套用。这使得对话的意义变得越来越小，人们可以预料到对方的问题，也早就准备好了答案。对话没有新意，交流就像蜻蜓点水一样，难以触及问题的本质。

学会提问，对一场成功的对话而言非常重要。我们要问出“好问题”来引导谈话，要用犀利的提问找到事情的病灶，要用洞若观火的睿智帮助人们将事情聊透，客观面对现实，扫除行动的障碍。

从结果导向的角度来看，提问有三种不同的层次。本书将结合具体的需求、场景和案例对提问的原则、方法和对应的技巧进行分析，阐明我们应该如何倾听、提问和深入交流。提问的方式也决定了我们是一个什么样的人，以及我们对事物的判断和观察能力。这些都是我们可以学习、提高的对话技能。

第一个层级：自发的反应

在第一个层次上，提问是一种自发的反应。你可能仅仅是程序性地倾听了对方的表述，而其中的一些语句激发了你的兴趣，然后你提出了一些问题。这些问题往往偏离了事情的本质——我们也可以假设它是沟通对象所喜闻乐见的提问，简单、象征性的提问容易让人卸下防备，没有杀伤力。虽然在第一层次上也可以发生深层次的和富有力量的对话，但是就提问者而言，你并不居于主导地位。这一层次的问题呈现出的是对内在世界的投射，是自动地根据思维的第一印象做出的反应。就是说，第一层次的提问是自动化、情绪化和个人化的，完全是基于自己的感性冲动和对对方话语的初步理解。

想象一下，有人和你对话，分享他的想法和感受，或者提出一个计划，征求你的意见。在对话的过程中，你需要对他所说的东西提出自己的看法，或赞同或反对。对话的时间很短，因此你需要不断地点头或者摇头，做出一些简单的反应："这很好！""不会花太多钱吗？"这是大多数人最常用的提问方式，是反射式的，未经过深思熟虑，没有特别的针对性。当别人讲话时，你的头脑在第一时间就会把自己的类似经验和他所说的内容关联起来。你可以直接表示同意或者不同意，也可以对对方的想法进行补充。但总的来说，你是在对方的逻辑基础上进行沟通的。

另一个好的例子是看电视节目。我们可以回忆一下自己在看电视新闻时如何反应，此时电视屏幕处于一个交流的焦点，在看到某个新闻时，我们的头脑中产生反应，一边接收信息一边思考。我们对新闻总是容易做出简单直接的个人化判断："股市又下跌了？为何不能有点好消息？真糟糕！""城区又堵车了？太好了，今天不用出门。我要给朋友打电话，取消聚会的计划。"

在第一层次的提问中，沟通对象处于对话的焦点，我们无意识地站在一个附庸的位置。对于谈话的对象和所涉及的话题，我们做出的总是本能的反应，比如正面或负面的评价。在一些长期的关系中，我们还可能带着预先形成的、关于这个人的历史印象来进行倾听和提问。过去他是什么样的人，做过什么样的事，这次你仍会习惯性地秉持那些评价，直接做出反应。

这就会导致你不能提出真正的问题，因为你"看到"的通常是自己先前已有的东西，提出的问题早已有现成的模板。一个让你讨厌的朋友说："我认为那部电影不错。"你没有看过那部电影，但你可能会马上反问："真的吗？你品位太差了，竟然喜欢那个导演拍的片子？"于是你决定不去电影院，你们的对话也无法深入下去。换成一个关系亲密的朋友呢？你可能会立刻说："这部电影都讲的什么呢？请仔细说说，我也很感兴趣。"

我们应该尽量避免第一层次的提问，但它确实是大多数对话中经常出现的形式。指导这种提问的，是你对周围世界的想法，以及你自己当时所处的位置和一些随机、即兴的见解。因此，沟通中一些重大误解，更多的是产生在提问者而不是表达者的身上。当提问经常处于第一层次时，人们很难继续聊下去，多数情况下只能客套几句或稍作寒暄。

第二个层级：聚焦式的反应

当提问者能够明白自己需要的、想要的并真正地关注自己的谈话对象时，对话的深入就变得有可能了，双方便可以产生持续的互动。这时的提问不再是自动的、情绪化的、个人化的，而是能够聚焦在说话人的身上，充分理解他的意图。

与第一层次的提问非常不同，你需要仔细地倾听对他人来说最重要的东西，全神贯注地思考怎样实现这些重要的东西，和自己的异见达成和解。“支持”是第二层次的提问中最核心的意图，在对方说话时，你不会轻易做出“好”与“不好”的判断，不会自动发出见解，或者原始的、情绪化的、冲动的反应，比如质疑、愤怒、压制等。

第二层次的提问需要热情的关注和坚定的支持，把对方当成一个优秀的演讲者，卓越的、能干的实业家，并给予深切关注。此时，提问的目的是“更好地为对方服务”，让人们从对话中获得自己想要的。它来自深层的认可、关心和支持。

比如，我们对信任的合作伙伴、感情深厚的亲人和钟爱的伴侣等，对其热爱的事业、计划和其他事情进行交流时经常采用第二层次的提问。“你需要金钱的支持吗？”“我能为你做点什么呢？”“这件事的难度很大，技术可以解决吗？”诸如此类的问题，它们代表着“真正的关心”和“持续的关注”，随之而来的是深层的亲和感。对话是温暖的、有力量的，因为表达者感觉他的意图被听到、理解并重视了。

当我们在第二层次上提问时，是把自己全部的关切聚焦在对方的身上。在此基础上，对话将协调我们的价值观，产生实质的承诺和充分的满足感。

第三个层级：引导式的反应

最高明的提问者会带着成熟的“问号”和原则展开对话。在提问的第三层次，“证据”与“辩证思考”是沟通的基本逻辑，我们并不准备从一开始就被说服，而是通过一系列引导式的提问鼓励对方更深入、诚实地表达他们的想法，尤其是那些一贯被隐藏的东西。提问不是单纯的支持和否定，也不是为了刁难，而是为了更好地给予支持，得到有利于整体的结果。

从这个目标出发开始提问，你会留意到计划所需的能力、要求和细节，而不再是那些泛泛而谈的东西。这会给对话带来特别的推动力，让你听到更多关键的信息。在我看来，只有学会了问问题，我们才能帮助和引领人们去追求更宏大的愿景和展开富有成效的行动。好的提问能让我们在各个层次上拓展视野，找到问题的症结，做出正确的决策。

当你开始这样做的时候，你会留意到：

第一，必须放下预设的答案、偏好与立场。围绕既有的证据和现实情境提出我们的问题，将有利于得到更加客观的评判。

第二，你需要进入一个“观察者”的角色。在对话时我们唯一的意图是公正地搞清楚“发生了什么”“行动的必要性”“应该怎么办”。当你采取这样的姿态时，总能获得最大的支持。

第三，你的目的是揭示事情本来的样子。我们问什么，就会听到什么，通过聪明地提问来塑造对话的完整性、深刻性，获取对话应该具有的效能。

在本书中，我们会着重阐述如何实现第三层次的提问，引导对话，协调人们内在的能力和资源，使沟通获得丰硕的成果。这就意味着你要花点时间回顾过去的对话，并从那些没有效果的对话中吸取教训。本书的特别之处在于，我们没有仅仅把提问当作一种对话工具来普及它的套路，而是着重于启发人们进行“深层次”的思考，使对话可以迅速达到目的并且成为一个有趣的过程。

目 录 · contents

第三章
否定式提问，用反问打消你的疑问

第四章
假设式提问，让自己掌握沟通的主动权

第五章
关键词提问，窥探对方真实的内心诉求

第六章
批判性提问，用攻击性提问打破僵局

第七章
诱导式提问，让对方多作肯定的回答

第八章
事实性提问，通过数据识破对方的谎言

第九章
开放式提问，让对方充分地表达想法

第十章
组合式提问，快速找到你与对方的共识

附　录
提问的30条核心原则

第一章

如何让别人特别想跟你聊下去

有“好问题”才会有“好答案”

◆◇

作为机构合伙人，从2016年9月起，多明戈差不多有7个月没到公司上班了。这段时间，他把所有的精力都投入到了“对话”项目上。这个项目集合了14位大学教授、20位社交领域专家和近50位人际关系领域颇有建树的人士，研究的重点并不是“怎么帮一个人交到朋友”，而是“如何学会提问”。

有人说：“提问还不简单吗？上学的时候老师天天提问，无非就是让别人回答问题。只不过老师的问题我大部分都答不上来，可见提问是刁难人的。”

“提问是刁难人的。”这是相当一部分人的理解。但聊天是刁难人的吗？显然不是。作为聊天的一个重要环节，提问起到的往往是提纲挈领的作用。问得好，才能聊得透；问对了，才能聊下去。

关于提问，你有没有碰到过下面的情况。有人拿着一个问题跑过来，大概交代了一下他想要解决这个问题的具体场景，接着描述了他的思路，告诉你这中间他碰到了一个障碍，然后便问你怎么越过这个“障碍”，他一脸期待地看着你。每当遇到这类具体的“媳妇和妈妈有矛盾我该如何处理”的棘手问题，我总是很难回答。这不是一个“好问题”。因为即使是同一个场景，不同的人也会有不同的思路，也会有各自的想法，也许我的思路就不会产生这样的问题，而我的想法他也未必接受。

例如有人想去一个20千米之外的地方，他问我：“我怎么套马鞍？”这时我就很困惑，对这个问题我无法回答，因为我的思路不是骑马，而是坐公交车或自己开车。这就是一个针对同一场景的问题，不同的人可能会选取不同的解决方案的例子。这本身就是一个可无限延伸的话题，充满了选择的智慧。

所以，“如何提问”本身就是一个很棒的问题，它值得我们用一本书的篇幅来展开分析。

- **有效的聊天是从发现问题、提出问题开始的。**对事实或真相的探究一般是从发现问题、提出问题开始的。世界上最伟大的物理学家爱因斯坦说：“提出一个问题比解决一个问题更重要。”如果你对问题没有敏感性，对生活也就缺乏洞察力，那么你一定是个聊天时很无聊的人。

为什么提出问题很重要和如何才能提出一个“好问题”是这本书的两个核心宗旨，也是主线。近几年来，向我提问的人越来越多，许多读者直接发来邮件，出版商也转发过来大量的个人和企业的咨询。在高兴的同时，也收到了不少让我头疼和难以直接给出回复的问题——“我要不要开除某个员工？”“我要不要搬出去住？”“我该选什么专业？”诸如此类。

我把这些通常难以给出一个具体回答，又或者压根儿就无法让人产生回答欲望的问题称为“杀死对话欲望的命题”。

因此，在本书一开始，我们需要简单普及一下什么是一个“好问题”，以及如何才能问出一个“好问题”，开启高质量对话的大门，让对话的参与者都有继续探讨的兴趣。

• **提问的能力，决定你受认可的程度。**认识我的人都知道，我和我的机构长期开设有一门“沟通与人际关系”的课程，多明戈是重要参与者。在这门课程中，我们并不着重教授结交朋友的技巧，而是专注于对话及思维博弈层面。不论是沟通还是交际，其本质都是人和人思维的“较量”，它往往以对话的形式展示出来。如果你能赢得一场对话，你便同时赢得了一种关系。

毫不夸张地说，我把“学会提问”视为该课程的“终极杀器”。是否能够提出一个好问题，很多时候直接决定了你在别人眼中的受认可程度。

在生活中，我们经常会遇到以下的典型场景：

场景1

某一个社交场合，陌生人A与你攀谈。

A：请问你是做什么工作的？

你：互联网运营。

A：请问互联网运营是什么？

场景2

在微信上，某好友B向你提问。

B：哥们儿，我跟爱人之间的关系一直不好，我该怎么办？

好了，假设你是回答者，遇到这样两个场景，你会如何作答？我猜多数人的反应和感受是相同的，无法回答并且感到厌烦。比如多明戈曾告诉我他的一份调查结果：人们在对话中最讨厌的两件事就是解释自己的工作和替对方决断家务事。两者分居“最讨厌回答的问题”排行榜的前两位，加起来比例高达93%。颇为有趣的是，无论在欧美还是亚洲地区，结果都是如此。

如果继续深入思考——为何人们对这样的问题感到无法回答和十分厌烦？

很显然，无法回答的原因有两个：第一，它们往往不是人们感兴趣的话题。我们很少愿意主动介绍自己的职业，除非很有必要；我们也不愿意插手对方的家事，那和自己无关。第二，它们也不够具体。回答这种笼统的问题，你会觉得无从入手，又或者只能回应一些“正确的废话”，然后就没办法进行下去了，聊天戛然而止。

“哦，这个工作没什么可说的。”

“这件事我无法给你出主意，是你的家事。”

再以场景2为例，假设你要直接进行回答，能够较好应对这个问题又不至于出错的唯一方式，就是说一些人人都讲的场面话，告诉你的好友要学会包容，要互相理解，要坦诚沟通，彼此关爱等。你知道的，这样的回答正是生活中经常听到的那种“正确的废话”——没有风险，也不会带来太多帮助。

一个足以打消对方对话欲望的命题，就会引出“正确的废话”，让聊天就此结束。你虽然听到了、提出了一个问题，但回答的一方给不出任何具体的答案。这样的问题就得不到好答案。经常这样提问的人，也很难跟对方把一个话题聊透，进而得出一些有益的东西。

因此，如果你经常在提问后听到对方的“正确的废话”，先不要生气、责怪和抱怨，你需要反思一下这是不是由于自己先问出了一个“坏问题”。

为了改善问题的质量，避免在提问后得到“正确的废话”，在这里帮助A和B分别换一种提问方式，看看能否带来一些不同——还是同一个问题，但我们换一种提问，让问题更丰富。

假设我是A：

1.我对互联网不太了解，不过企业在运营方面应该大体是类似的，在您看来，和传统企业相比，互联网运营有哪些不同呢？

2.曾经有人说互联网运营实质上便是开源节流，节省成本，您觉得这个理解对吗？您是怎么看的？

3.我可不可以这样来理解互联网运营：它通过网络平台来维护、管理和升级，或者还有别的含义？

假设我是B：

1.我和妻子闹别扭时她总是会翻旧账，把陈年旧事拿出来再争论一番，这让人特别烦躁，该如何应对这种情况？

2.我和妻子很长时间都没有过深度沟通和交流了，气氛冷冰冰的，我想主动沟通但不知怎样开始，能否给些建议？

3.我和妻子总是因为一些家庭琐事发生争吵，两个人的火气一点就着，事后又都觉得后悔，该如何去调节经常会突然爆发的负面情绪呢？

现在，该我来提问了。

当提问的方式变化以后，该我反过来问你了：

1.从不同的提问中，你感受到了什么？

2.对比同样的问题和两种不同的提问方式，你认为两者的不同是什么？

如果有兴趣，你不妨把这两个问题当作是本书的一个开篇练习。等阅读完全部的内容后，再返回到这里做出自己的回答。我相信从提问方式的改变中，你能体会到一个好问题对于深度聊天的重要性。为了能让对方给出一个你期待中的好答案，我们都有必要对自己即将脱口而出的问题进行仔细斟酌。

提问的唯一目的

◆◇

人们在对话中的提问有两种思维方式：一种是海绵式；一种是淘金式。海绵式的提问就像一块海绵丢进了一盆水中，相对被动地获得信息，但无法筛选和以某种原则去探知真相，也无法判断观点的正误。淘金式的提问是主动和有所针对的，通过问问题以及找到问题的答案来判断是否接受自己所听到的观点，并体现出一定的“攻击性”。

不过，我们大部分人都需要积累一定的知识才能采用淘金式的思维进行提问，因为对观点进行评估的能力并不是生来就有的。它和基因中与生俱来的一些常识并不一样。比如，我们生下来就知道“父母养育之恩大于天”，这无须任何知识的积累，每个孩童对此都有强烈的本能。但是，直到上了大学，你才能真正领悟粒子对撞机对于研究宇宙起源的意义。

就提问的不同领域而言，对知识储备的要求高低也是不同的。两种思维方式需要在对话中结合起来运用，才能产生积极的效果。

• **提问不是威胁，是为了解决问题。**著名的公关顾问、《六度人脉》的作者李维文说：“人际沟通中一个常犯的错误是，当一个人觉得有必要提出问题时，他往往认为必须提出具有攻击性的问题才能彰显问题的价值，为自己创造沟通上的主动。这在多数情况下都带来了不妙的结果，因为对方感受到的是恶意而非诚意，自然就不会认真回答问题。”

在提问时，为什么人们运用淘金式思维时总是表现出过多的攻击性呢？

曾采访数任美国白宫发言人的CNN记者吉姆·阿科斯达（Jim Acosta）对此也有自己的看法：“在我多年来的新闻生涯中，凡是提出尖锐的批评性问题时都不是为了听到真实的答案，制造批评是我的第一目的。我们深知这无济于事，但它有新闻效应，能左右一部分公众的情感。”

我们所做的每一个决定都烙上了强烈的个人印记——阅历、习惯、价值观和文化观念，并呈现为某一种形态的个人情感。对待生活和工作中的所有事物都体现着这种与个人情感息息相关的社会性。但如果你要成长、成熟和成功，那么就必须尽量暂时把这些情感束之高阁，用理性的逻辑包裹起来。只有这样，你才能有效地展开对话，避免冒犯别人，或在价值观遭到侵犯时提出有助于“解决问题”的问题。

同时，在提出问题时需要注意以下几点：

第一，“情感理由”不应该成为你接受或者拒绝一个观点的主要基础，也不应该是提问的主要目的。

第二，假如你将批判性的目的视为维护自己的一种方法，对话就无法解决问题。

第三，假如你将批判性的目的应用到所有的观点中，包括我们自己的观点中，通过强迫对方顺从于一种特定的观念，达到强加自身意志的目的，那么对话就是无效的，它最终会激化矛盾，带来新的麻烦。

• **正确的批判性聊天**。你的时间是宝贵的，别人的时间同样是宝贵的。当你花费时间对某一个问题进行批判性评价之前，要先问一问自己："who cares？"对于一些小事，你没必要大张旗鼓，小题大做。

提问的目的是为了得出最佳结论，构建解决问题的最佳途径，不是撕裂双方的关系。同理，你寻找的最佳结论不是为了拿自己和那些具有其他结论的人进行比较，而是带领大家（协同对方）朝着更好地解决问题的方向前进。

这是在进行攻击性提问和试图追根溯源的对话中需要时刻提醒自己的——不要为了争论而争论，要就事论事，讨论问题的细节，更不要对对方进行人身攻击。

当批评有必要时，如果你要进行批判，需要注意下面几点：

第一，你意识到了一些彼此相关的批判性的问题；

第二，你能够在适当的时机提出这些需要对方直接回答的问题；

第三，你有把握（证据）证明自己的批判是正确的。

只有在确认具备这三个条件时，淘金式的提问和对话才有进行下去的可能。而这，是本书的主要目标之一：如何正确地运用提问的技能，来获得真实的信息，并保证对话的深入和有益性。

满足对方表达的需求

◆◇

托马斯·弗里德曼(Thomas Friedman)是《财富》杂志的专栏作家，他曾经说过这样一句话：“一个顾客是忠诚还是背叛，这是由他在你公司的一系列遭遇的总和决定的。”换句话说，你怎么对待他，他就如何对待你。

在忠诚和背叛的背后，弗里德曼谈到的正是“需求”。人的需求是否被有效、充分地满足，决定了他是选择忠诚还是背叛。在每一个领域这条定律都屡试不爽。因此才有这句名言：“一个人选择了忠诚，是因为让他背叛的筹码不够。”

从事销售行业20年的老友、广州一家化妆品公司的副总经理秦铭也同意这个观点。有一次他对我说：“为了赢得顾客，你就必须满足他的要求，所有的要求。你首先要允许、提供空间让他把这些合理、不合理的要求都讲出来，然后你再考虑怎么满足他们。从我的经验来看，销售员卖不掉产品的最大原因，并不是顾客不需要它，而是他在交流时没有把顾客的需求挖掘出来。在考察一个销售人员是否合格时，这是最重要的一条标准。”

曾经有一家企业的营销部门统计，在一个不满意的顾客背后，存在着这样一组数据：

在一个不满意的顾客背后有25个不满意的顾客；24个不满意但不投诉；6个遇到了严重的问题但没有发出抱怨声；投诉者比不投诉者更有意愿继续与公司保持关系；投诉者的问题得到解决，会有60%的投诉者愿与公司继续保持关系，如果迅速得到解决，这个比例则会上升到90%～95%。

秦铭说，当你了解到这些数字后，还会对顾客的抱怨感到厌烦吗？肯定不会。他举的例子反映了一个普遍存在的沟通问题——我们在对话中的提问，没有给予对方充分表达真实想法的空间。于是，实际的对话往往变成了另一种情况：你在不停地说，越说越兴奋。对方在无奈地听，越听越反感。

这是因为每个人在聊天时都喜欢谈论自己，这是人的本能。除了对衣食住行、情感、性等物质和非物质的需求外，人还有极强的自我表现的心理。所以，愿意倾听的男士总能赢得女人的欢心，喜欢在聊天时表现自己多优秀的男士则不太受女人的喜爱。

为什么优秀的男士输给了人们眼中的“普通人”呢？也许这就是原因——他们太爱在女人面前表现自我，以致忘记了女人也有同样的欲求。当女人的表现欲得不到满足时，她们就会迁怒于男人，认为这个男人索然无味。优秀的男士常常会忽略这一点。

如果留心观察各种形式的对话你会发现，每个人都爱谈话，喜欢谈论他们自己。也就是说，假如你的提问是为自己当一名好听众做铺垫，那么恭喜你，你会拿下一场战斗。让对方自然愉快地谈论他自己的方方面面，正是提问的一种目的。

别人更在乎你怎么对他说，如何请他说，而不是你在说什么。我拿出20分钟听你讲话，不是为了听到你的工作如何努力，你的成果如何卓越，你的产品如何先进，而是为了表达我对这些问题的看法和需要。任何人都是这么想的，尤其是当他面对一个不熟悉的家伙、这个人还想卖给自己一些东西、掏空自己的钱包时。

场景1

在一家电信产品店，你试图说服和引导顾客购买电信产品，问道："您之前了解过我们的产品吗？"

顾客："没有。"

你："那请让我介绍一下这款产品的优点……"

最后没有成功。

场景2

假如你这么问："请问我有什么可以帮您的？你有哪些需要，尽管跟我说。"

顾客："我现用的手机经常没有信号，不知道怎么回事。"

你："您可以看下这款产品，也许它的功能可以解决您的问题。"

最后成交了。

两者的区别在于，你在场景1中的问题为顾客设置了一个和“他来店里的目的”无关的选项。他的第一感觉是这与他的需求无关，因此后面的交流就不太顺利，你的行为言语带有浓厚的功利味道，他没有办法直接讲出自己的要求，容易产生抗拒心理。

在场景2中，情况发生了转变，你提了一个倾听式的问题，他可以毫无顾虑地表达自己的要求，对话得以顺利进行下去。

在提出问题之后，倾听他的回答，要尽量使用平和的语调与对方交流。涉及关键问题（说服）时，先要说明“特点”，再解释“优点”，最后再阐述“利益”。按照这三步进行，对方就比较容易接受。

这里的窍门是，与他进行深层次的对话前，要给他宣泄和抱怨的机会。这是第一个问题的功能，为了让他讲出委屈和真实的要求，然后再告诉他如何解决。

那么，准备向一个“对你有所要求”的人提问时，你第一时间想到的和应该做的是什么？

第一，你必须耐心地询问对方的真实要求，并且确认你从他那里所得到的资料是准确的。在没有额外获得足够的信息之前，不要轻易地对他的观点下任何的结论。换句话说，不要急于给出答案。

第二，如果你的问题发生了错误，勇于承认并且及时道歉、改正，千万不能在对方面前说自己（公司或相关方）在某些地方的决策有问题，这会是致命的错误。如果你这么做了，对方也许立刻会觉得对话不再有必要，因为他不需要你了。

第三，在回答问题时不轻易许下承诺。只有在个人非常有把握的前提下，我们才可以对人们进行承诺。和需求有关的提问应该谨慎，当你提出一个问题时，就要做好满足对方的要求和解决问题的准备。

这三项建议适用于不同的场合。社交达人都明白，不管是商业沟通还是友人间的聊天，满足对方的需求都可以带来回报，尤其当你让对方收获意外之喜时。

犀利地提问，避免兜圈子

◆◇

美国福克斯新闻频道的主播摩根·凯莉（Megyn kelly）因一次采访事件名声大噪，尽管付出了离职的代价——跳槽到美国全国广播公司，在那里主持一档日间脱口秀和一档周末新闻栏目，与之前的新闻主播相比，新的工作并不起眼。

她得罪的人是新任美国总统特朗普，在2015年8月份的共和党首场电视辩论中，担任主持的凯莉向特朗普接连抛出一系列尖锐的问题，令特朗普十分不满。她从不兜圈子，直截了当，赢得了公众的好感。不过特朗普就不那么高兴了，他以凯莉对他有“偏见”为由，拒绝参加次年1月举行的最后一场共和党党内的初选辩论。

在福克斯新闻频道工作的日子里，凯莉始终秉持着这种直接干练的提问风格。她曾经是一名律师，后来转投媒体行业，语言犀利，提问棘手，而且对民主和共和两党一视同仁，因此受到了福克斯新闻集团的董事长兼首席执行官罗杰·艾尔斯的赏识。后者也是一位提问的行家，以提出让人头疼的问题著称，但他们并非故意刁难人。

旅居美国十几年的财经学者、埃克森美孚公司的顾问周然有丰富的采访政要的经验，作为与现任国务卿蒂勒森关系深厚的学者，他对政客的对话艺术极为了解。谈到这个话题时他说："不要浪费哪怕一秒钟，尽快提出你的问题，然后等待答案。这是好问题的要素之一。"从这个角度来讲，凯莉和艾尔斯都是能够提出好问题的优秀的对话者。在他们的身上，你能看到一种简洁犀利的品质。

• **是你的问题，还是别人的问题。**一个简单的原则是：你的提问必须是自己的问题，而不是"别人要找"或者"对方希望你问"的问题。

在有些场景中这种现象十分常见。以凯莉的经历来说，她见多了采访时顺着被采访人的思路和意图提问的记者，就像是对方的传声筒。"有的问题很直接，开门见山，但却是为了给对方歌功颂德，正好是那些发言人想说的东西。"

这样的提问毫无价值，因为你在对话的过程中没有自己的思想。

• **提问清晰准确，而不是兜圈子。**我们提出的问题和回答务必保证两点：第一，意图清晰，不拐弯抹角；第二，用词准确，不产生歧义。

两兄弟汤姆和科迪，他们同住在母亲家。有一天，汤姆去另一个州度假。第二天，他给留在家中的科迪打电话，询问自己的猫莫里斯的情况。

科迪立即回答："它死了。"汤姆一听火冒三丈，冲着电话对科迪吼叫个不停。科迪讲了许多安慰的话语，汤姆才终于平静下来。

最后，科迪恳求汤姆原谅自己，因为猫的死亡不是科迪的错。

汤姆说："我知道你尽了全力，使我恼火的是你告诉我这件事的方式。"

科迪不解地问："那我应该怎么说呢？"

汤姆回答："这样，首先，当我第一次打电话时，你可以说，'它在屋顶上，我无法让它下来'。当我第二次打电话时，你可以说，'它病了，必须去看医生'。当我第三次打电话时，你可以说，'由于医治无效，莫里斯死了'。如果你这样说的话，我就能接受了。"

一个星期之后，汤姆又给科迪打来电话："喂，兄弟，我们的妈妈还好吗？"

科迪回答："她在屋顶上，我无法让她下来。"

这是一个反面故事，说明了讲话兜圈子的害处。作为人与人交流的工具，语言务必清晰准确，才能在最短的时间内收到效果，否则容易引发误解，还耽误宝贵的时间。

让别人愿意跟你聊的关键

◆◇

既然开口提问，就要问到要害、节骨眼与关键的问题上。在“对话”项目的课程中，我受邀为20位传统企业的中层干部讲课，他们是企业运营信息上传下达的中转站，既要向老板汇报，还要收集和了解基层员工的心声，承担着十分重要的沟通任务。

“当你为老板获取基层信息时，最重要的是什么？”我说，“一条关键的渠道是进行调研和访谈，对员工提出问题，坦率深入地交流，问出重点。”

但在一般的上对下的谈话中，员工未必讲实话。避重就轻是员工的拿手好戏，为了保护自己和关系密切的同事，他们擅长说谎，隐藏重点。面对这种情况，你怎么办？

上对下的提问与访谈不同于从其他渠道获得信息，也有异于生活中普通的对话，它需要当面与人打交道，而且是上司和下属面对面的“较量”。一名优秀的管理者在调研访谈中，首先应该是一名高超的提问者，拥有一双火眼金睛，其高明之处就在于，他会将自己的知识水平、社会阅历、学识口才、聪明机智等各种能力综合地融入到自己的提问之中，让说话者跟着自己的思路走，从而顺利地获得自己想要的东西。其中最主要的一种能力，就是可以三言两语问出重点和要害信息。

• **问题要有针对性。**针对性体现在什么地方？首先，问题必须与对方的关注重点联系起来，使其愿意发表看法；其次，问题必须是你想知道的核心议题。

国内有一家企业几十年来经营不善，勉力维持，最近终于下定决心改革。为了调查了解基层情况，于经理和乔经理受命进行各下属单位的改制调研。刚开始时，乔经理把员工召集起来，问道：“你们部门的改制搞得怎么样？”

有些员工敷衍式的回答说：“还行，还行。”

有些员工不愿回答：“这么大的问题是你们领导该关心的，我不知道该怎么讲！”

总之，乔经理两天内问了上百个人，听到的实话也就两三句。

于经理说：“你这样的方式是没有办法获得信息的，让我试一下吧。”

他首先找到了几位有多年从业经验的老员工与各部门的主管，并且逐一问了下面的问题：

“你们部门（分公司）的改制是什么时候开始的？”

“你们看，我们的改制开始以来，取得了不少的成果。不过，相比之下，原来的体制有什么问题？这些问题主要体现在哪些方面呢？”

“在改制的过程中，你遇到过哪些困难与阻力，又是怎样克服的？”

“眼下的体制对于员工来说，是有利的还是有弊端的？”

“你认为，下一步的改革还应该注意哪些方面？”

“在保障你们的利益方面，总公司遗漏了哪些地方？”

于经理的每个问题都很有针对性，且正中要害，是员工非常关心的话题。很显然，人们更乐于与他进行交流，他也获得了自己所需要的信息，汇报给了总公司。

过于空泛的问题不是人们喜欢的，因为这意味着无话可说，也只会让对方感到不知所措。要想让人愿意跟你聊，就得问到人们敏感的区域，问到重点，才能打开双方的话匣子，深入地交谈下去。因此，于经理在提问时增强了针对性，提出了具体和重要的问题，人们踊跃回答，他成功地收集到了第一手信息。

• **要学会问得恰到好处。**我的建议是四个字：恰到好处。即在提出你的问题时，要有个性、有特点，要在第一时间问出对方最了解、最关心和最熟悉的问题——做到只有对方回答才最适合。如何才能问得恰到好处？

第一，这个问题是对方的专业或所擅长的，否则便是“对牛弹琴”，对方不明就里，问题就失去了价值。

第二，要问到对方的痛点，关联到对方的责任、错误或正在承担的义务，让对方觉得有回答的必要性和紧迫性。

第三，要在恰当的时机提问，并体现出你的个性和该问题的重要性，以使对方既不感到突兀，又不会反感。

• **提出重要的、有份量的问题**。哈佛大学心理学教授埃德森说：“最重要的是选择有份量的问题。”埃德森认为，一个好问题具备两个基本要素，极强的概括力与丰富的内涵。两者缺一不可。“要有精练的表达，要有丰富的内容和重要的意义，这样才能引起对方的重视，否则聊天就成了喝水，什么都谈不出来，喝完就忘。”

为了不把我们的天聊成一碗白开水，就需要你在对话展开之前，根据自己掌握的素材和信息，提炼出最有价值的问题。在这方面，你可以借鉴一些记者招待会上的记者提问——他们在设计问题方面具有过人之处，总能提出一些让受访人不敢小觑的问题。为此，他们也做足了功课。

第二章

找对理由，才能有效地说服对方

解释清楚才能说服别人

◆◇

安娜试图说服汤姆戒烟，但最终还是失败了。为什么？

汤姆有12年的抽烟史，从中学时代便开始抽烟。婚后，妻子安娜对此无法容忍，她数次告知汤姆："抽烟致癌，为了身体的健康，你还是少抽一点儿吧！"

每次聊到这个话题，汤姆的回应都是冷笑："人的寿命最多八九十年，少活二十年也没什么大不了。"

孙昌旭与雷军长谈6个小时，试图说服他把手机卖贵一点，最终还是失败了。为什么？

电子行业的知名分析师孙昌旭和雷军有过一场对话，她认为，作为"爱虚荣和爱面子"的一类人群，她自己希望小米可以把手机卖贵一点，比如推出售价3000~4000元的高端性价比手机。为此她与雷军长谈6个小时，却无功而返。

雷军的回答是："我们并未将买高价手机的用户定义为目标销售人群，小米将回归初衷，做好自己的产品，做用户喜欢的手机。"

在这两个对话场景中，为什么说服者都失败了？你一定也遇到过类似的情况，因为某些问题必须说服对方，让他同意自己的观点。但在沟通中你会发现，两个人的观点、价值观和思维中间好像隔着万重大山，毫无沟通的可能。其实，失败只是因为你未能提供一个能够"打动"他的理由。

• **不要用自己的理由去证明自己的观点。**我们有时候并不是为了任何利益，但就是很自然地会想要说服别人。安娜和汤姆、孙昌旭和雷军都属于这种情况。从问题的本质来说，劝丈夫戒烟和说服雷军推出高售价的手机，都是一个"无所谓"的观点，即使别人不同意，也不会对自身的利益有任何的伤害，但人们的第一反应仍然是试图说服对方，于是就会用自己的理由去证明自己的观点，并希望对方可以由衷地赞同，最起码能够试一试。

问题就出在这里——你没有站在对方真正关心的立场上给出理由，自然就不能回答对方的问题。比如，雷军的关注点是："小米公司的价值观不是用手机的售价来衡量的，而是用户的喜好。"而孙昌旭无法把这一问题解释清楚。

汤姆的关注点则是另一个层面："我对活多久没有兴趣，我只在乎是否快活，抽烟让我快活。"安娜嘴里的"健康"在他这里是一文不值的。

如果你产生了说服他人的欲望，却又紧握自己的理由，就会失去信心然后放弃说服这件事情。反过来也一样，假如一个人想要说服你，你一定要问问他的理由并让他给出一个合理的、符合自身需求的解释，而不是仅能解决他所关心的问题。

• **怎么说才能“解释清楚”？**请问：人类到底是出于何种原因想要“说服别人”呢？目前任职于加州大学的社交学家哈莱尔说：“从根本上说，这是因为当人的自我认知与他人意见相冲突时，希望将别人的认知调整到与自己的一样，从而达到自己的认知平衡。在现实的社交活动中，每个人都不自觉地试图改造别人，什么都不做也是一种改造，因为这是一种个性的彰显，潜意识中仍希望自己的行为能够影响到别人。不管是语言还是行动，说服与被说服无处不在。”

一个愿意被说服的人，通常是接受了一个“说得过去”的理由，达到了自身认知的协调。人的改变总是从内在的认知开始的，而不是他的行为。记住这一点，然后你就能聪明地利用下述规则，在对话中影响对方，或者谨慎地抵御对方的影响。

第一，客观事实。改变客观事实，“用事实说话”是最有力的理由。因为客观事实是人们认知因素形成的基础，也是一个人态度改变的基础。所以，不管是说服还是被说服，客观事实都是不可或缺的理由。

第二，参与改变态度。亲自参与一件事可以改变一个人原有的态度。因为参与能增加人们对于某项工作的了解，消除固有的偏见，促进人与人之间感情的交流。更重要的是，人在参与过程中亲身体验到了之前不了解的环节，这对于态度的改变会起到关键作用。

第三，规定的力量。例如不可更改的群体规定、内部规章制度、法律法规等，不能违反只能遵守。这也是说服一个人的有效理由。

第四，循序渐进的改变。对于分歧较大的问题，就需要逐步缩小差距，慢慢适应改变。每一次提出的要求和改变都在可以接受的范围之内，一步一个台阶，不断缩小差异，最后完全转变对这个问题的态度，做出斩钉截铁的回答。就像这个问题："女人是如何爱上一个她很讨厌的男人的？"答案就是：那个她原本很讨厌的男人用自己的耐心逐渐让她改变了态度。

第五，环境的影响。环境对于一个人的影响是巨大的。现在，通过信息传播或沟通的方式能够重塑环境，形成新的氛围，对人产生潜移默化的影响，使人转变立场。在提问和作答时，必须考虑到这些因素。

“循环论证”与“话题错误”的坑

◆◇

多年前，电视剧《士兵突击》火遍大江南北，主人公许三多有一句名言流传甚广：“有意义的事就是好好活……好好活就是做有意义的事……”这句话因为传递了一种积极向上的生活态度而受人喜爱，成为很多人的座右铭。

这句话可以理解，但就其说服力而言却经不起推敲。我们可以将这样的句式视为鼓舞人心的格言，却不能拿它去有力地说服别人。当然，也不要轻易地被这类句式感动和说服。

从逻辑层面来说，它属于典型的循环论证（circular reasoning），是心理学名词逻辑谬误（logic fallacy）的一种——它将一个“有待证明”的结论作为证明该结论的前提，而这个有待证明的前提又拿结论的本身来进行证明。就是说，两个命题都是需要证明的，要它们彼此互为证明，构成了一种事实上的循环论证。

作为我的前同事和15年的知交好友，玛丽在联邦调查局情报分析师的职位上待了8年，同时她也是一名优秀的审讯专家。她经常跟擅长循环论证的反审讯高手打交道，她提出问题，对方回答问题，总是毫无破绽，极难发现他们说谎的部分。

“怎样识破谎言？”她说，“无须找到明确的证据证明他们在说谎，我们只要看他们回答问题的方式就够了。通常，说谎者要么漫无目的东拉西扯，要么就是采用循环论证的逻辑跟你对抗。前者凭强大的意志力支撑，后者狡猾地希望你上当，相信他们的说辞。”

- **诡辩式的对话方式。**这种对话方式通常会有三种表现形式：

第一，逻辑自洽，但违背事实。你明知事实不符，却无法击破他的逻辑。

第二，撇开事物的整体联系，以片面的真相作为对整体的认定。总体规律正确，但与事实依然不符。

第三，偷换概念，转移问题，将当下的问题用另一个相似的问题替代，转移焦点。

当然，诸如“父亲就是孩子的爸爸”“四足动物就是有四条腿的动物”，等等。很明显，一环套一环的论证形式在普通的聊天中是用不上的，没有用武之地，因为对大部分生活中的朋友犯不着动用这么煞费苦心的逻辑进行说服。不过，在诡辩中倒是大有用场。理屈词穷的人擅长祭出这一撒手锏。

我们也很容易看出，循环论证本身缺乏实质性的内容和富有条理的证据链，即缺乏充足的事实依据。对于需要回答的问题，尽管它理直气壮永远正确，可是说了等于没说，在聊天时也是让人倒胃口的一种“毒药”。

尽管这么不受欢迎，为什么一些人还是对诡辩式的对话情有独钟呢？因为它的一个主要功能，就是帮人掩盖真相和填补逻辑上的漏洞。无计可施又想证明自己正确时，人们就会祭出这一招。

- **“话题错误”制造的障碍**。假如你能绕过循环论证的大坑，提出一个具体的问题，那么就在对话的开始前进了一大步。但凡是具体的问题也都有一个陷阱——话题错误，比如本书一开始提到的套马鞍的例子。也许人们能回答如何正确地套上马鞍，但骑马赶路的人依然可能走在落后的道路上。虽然问题是可以回答的，但问题本身却没有得到最好的解决。

因此，就具体问题而言，除了问解决的手段，最好还要将问题与自己的目的联系起来，这样才能越过障碍。具体的问题是“术”的层面，一般都是一问一答的“解答题”。你要表达清楚这个问题是为了什么，回答它的意义是什么，还有没有其他的路径。对有意义的提问来说，除了需要一个回答的理由，还要看到问题背后的价值。

- **别把答案藏在问题中**。哈莱尔在他的社交讲座中提到了两个对比式的案例：

场景1

一个瘦子问胖子：“你为什么长得胖？”

胖子回答：“因为我吃得多。”

瘦子又问胖子：“你为什么吃得多？”

胖子回答："因为我长得胖。"

场景2

经理问下属："上个月的业绩为何这么差，原因是什么？"

下属："上个月部门的广告经费太少，所以业绩差。"

经理："为什么广告经费变少了？"

下属："因为业绩差。"

经理："不对，月末才统计的业绩和上月初的广告预算没有必然的因果关系。"

在场景1中，胖子的两个回答都属于循环论证，明知不对却让人无话可说。这一谬误的要点如下：首先，"吃得多"被作为另一个命题"长得胖"的前提条件；然后，过程被反过来，最初的前提"吃得多"现在变成了结论，而最初的结论"长得胖"则变成了前提。这是典型的诡辩式的回答方式。

在场景2中，当经理质询业绩下降的原因时，下属将业绩差和广告费减少两个没有交集的命题联系起来，试图蒙混过关，洗脱自己的"罪行"。经理很快指出了他的逻辑漏洞，如果广告预算的减少会导致业绩降低，也不会是上个月，而是下个月。所以，下属必须重新回答，给出一个负责任的解释。

这一类具体问题，叫作"答案藏在问题之中"，是属于无法提问的问题。每个想聊好天的人都应该懂点逻辑学。我们要避免这种提问，因为不管对方怎么回答，都可能与正确答案擦肩而过。

再比如，一个人跑过来问你："我和女朋友因为买房子的事大吵一架。她要求房本写上她的名字，我不同意。她就要跟我分手。你觉得她这是为什么？快给我出个主意！”你没有办法回答，因为他既说出了答案，又堵死了你出主意的可能——他不同意写上女朋友的名字，而这显然是唯一的解决办法。

如何才算“说得过去”

◆◇

•一个“说得过去”的理由。在生活、工作中，很多时候为了实现某种目标，我们会需要一个说的过去的理由去说服周围的人，比如以下三种情况：

情况一：工作了，我想请4天假，有说服力的理由是什么?

全世界每天可能有超过几千万企业雇员同时在绞尽脑汁地琢磨一件事：怎么请假，老板才会相信?

加州一家科技公司的研发人员科恩写了一个真实的理由：他要去东海岸看望一位即将离世的亲戚，这位亲戚准备把300万美元遗产馈赠给他。所以，他必须请四天假，去医院陪伴这位亲戚最后一程。结果，公司人事部经理拒绝了这个请求，认为他在撒谎。

与此相反，公司的技术支持马里奥想请两天假，因为他的女友来了伯克利。他们准备丢下工作，进行一场疯狂的浪漫之旅，比如，去海边露营。但他的请假理由是：母亲生病了，就住在洛城医院，他要去照顾母亲。不到30分钟，他的假条就被批准了，而且公司还多给了他三天假期。走出人事部经理办公室时，马里奥笑得嘴都歪了。

为什么你讲明了真实情况，对方反而不容易相信？

情况二：怎样以充分的理由说服父母让你转学。

河北一名学生遇到转学的烦恼，他说：

“我所在的学校是外地的，而且是住宿制。我个人非常非常讨厌住宿，而且也不习惯在外地上学。我们班上有好多从校本部直接升上来的学生，而且其他的就算不是校本部的学生也都属于本市。他们有好多人以前就是同学，所以彼此聊得来，而我每次都被晾在一边。何况这里有钱人太多，整天炫富，因此我讨厌这个学校。我原本准备上完一个学期就转回去，可是尝试着跟父母提过几次，他们每次都当我是无理取闹。我跟他们讲道理，他们让我不要管别人，自己努力学习就可以。他们把成绩放在第一位，认为这所学校教学质量高。这是多么空洞无物的大道理，一点儿都不切实际！我真的很讨厌这种情况，希望有人能指点一下，如何说服我的父母？”

对于任何国家的学生，说服父母让自己转学都不是一件容易的事。问题不是提出要求，而是你拿出了什么理由。在河北这名学生的“理由”中，我们当然看到了一些实际的问题，比如交流、炫富问题，还有他的心理体验。但在父母眼中，为什么他的立场未能被取信呢？

情况三：什么样的辞职理由最有说服力？

上海的赵先生是一家互联网公司的技术骨干，他收到了另一家公司的高薪聘请，就想辞职跳槽。他不清楚怎样才能说服公司的主管，为此大伤脑筋。

“我跟领导谈了薪水问题。我们聊了两个小时，他给出的方案是给我加薪，而非辞职。”他发现，凡是实话实说地提出问题，或者发出一个请求，都最有可能被拒绝。

为什么有人辞职很容易，你却很难？

• **说服的技巧**。每天，我们都要面对说服他人的挑战。如何做才能让别人听从我们的意见？或者说，当你准备提出一个问题时，有没有想过对方听到这个问题的感受，以及对方如何给你具有说服力的回复？

前文举出的三个与说服有关的案例中，有“提问权力”的被说服者对于“理由”的评估体现出了三个基本的原则。

第一，理由的真实性。接受遗产馈赠显然不是一个好理由，虽然他说的是实话。因为这违背了人们的常识。

第二，理由与自身需求的关系。父母让孩子就读一所学校时，首要考虑的是教育质量和安全，这名学生所要求的沟通环境并不在父母的需求之内。

第三，理由与成本的关系。如果公司愿意付出更多的成本，满足他的薪资要求，就不会接受他为了更高的薪水离职的理由。

这三项原则就是“说得过去”的标准。不论是家庭原因、学习环境还是去待遇更好的公司，这些理由都需要遵守上述的三项原则，至少满足其一。我们当然想让同事更多地认同自己，想让孩子听话地去做作业，想让邻居听从善意的劝说，不再乱扔垃圾。但要在对话中说服一个人，就得拿出过硬的证据。当然，我绝对不提倡大家撒谎。

在美国亚利桑那州国家森林公园，游客经常会看到这样一则告示："您继承的遗产每天都在减少，每年有14吨硅化木失窃，尽管一次只捡一小片。"因为经常有游客把公园的硅化木捡回家，严重威胁到了公园的生态环境。为了制止这种行为，管理方竖起了告示牌。

在森林公园中盗窃硅化木的事件十分普遍，公园的巡视员和管理方都大伤脑筋。人们进了公园，就像来到了自己家的后花园，并不是每个人都珍惜这里面的一草一木。如何告诉他们要遵守规则？什么样的理由才能说服这些形形色色的游客？

这个告示的初衷是好的，但效果一般。因为公园管理者不明白一个心理机制，你越是昭示负面案例的弊端，就越让人们看到了不当行为的普遍性——原来干坏事的这么多？看来我也可以试试！因此人们就不会去纠正自己的行为。而在当地的新闻报道中，这条告示也没有起到预料中的作用，反而增加了偷盗行为。有些循规蹈矩的人看见公园里要求人们不要偷拿木片的提示后，也顺手拿了一块。

过了一段时间，公园管理方收到了一条信息：未张贴告示的地方木片的失窃率为2.92%，张贴了告示的地方失窃率高达7.92%。这简直是在鼓励偷窃。

美国亚利桑那州国家森林公园的告示事件表明，当说服过程影射不当行为的普遍性时，一个很坏的问题就会产生更坏的问题，效果可能就会和你的初衷背道而驰了。那么，正确的提问和说服技巧是什么呢?

站在心理学的角度考虑，最好避免运用反面案例，你可以直截了当地告诉人们该做什么、不该做什么；条件允许的话，要用正面的暗示鼓励对方继续从事积极的行为。

我的公司曾经出现雇员抵制会议的情形，没人愿意参加晨会。尤其在秋冬两季，随着天气转冷，与会者一次比一次少，迟到的现象也一次比一次多。这让人事主管实在头疼。他找我商量办法，希望设立一项制度，统计、公布缺席者，并狠狠地惩治他们。

我的建议则是不要让员工注意到出席人数减少这一事实。我让召开会议的部门主管告诉员工，有很多人都在出席会议，尽管人们对真实情况心知肚明。

这是因为，人们容易按大多数人的做法行事——即使大多数人的做法是错误的。所以当你需要一个理由时，记得多采用正面案例。这不是在任何场合都可行的，但这是最起码的标准。

用四个“为什么”挖掘真实动机

◆◇

实际上，越是不想做的事情，人们倒越容易答应下来。这是一个有趣的现象，充分说明人有时候是心口不一的，也表明人的真实动机和表面的反应是不一致的。你觉得对方不一定同意的事情，他有可能很想做；你觉得对方很乐意做的事情，结果往往不尽如人意。

由此看来，聊天时揣测对方的动机是一个很有学问的技巧。人们内心的思想，有时会不知不觉在口头上流露出来，因此你需要用“为什么”的思维模式对他的动机提出问题。你可以不说出来，但一定要通过这四个问题来探察他的内心世界。

• **为什么是这个话题？**通过某一话题，我们可以了解说话者的心理。因为人们的情绪会经常在一个话题里不自觉地呈现出来。一个人跟你谈一个特定的问题，必然有他的理由。要想了解对方的性格、气质和想法，第一步就是要探询话题与说话者本身的联系，获取关键的信息。

我公司有一个喜欢电影的女孩，她十分迷恋好莱坞影星莱昂纳多·迪卡普里奥。突然，有一天，她却跟我谈起了足球。她问了我许多平时她根本不关注的内容，比如越位、点球、世界杯历史等。这时，我就会知道——她交了喜欢足球的男朋友，因为她平时最讨厌的就是足球。所以，当我试探着从足球拐到恋爱心理的话题时，她并没有排斥，反而表现得极有兴趣。

和年轻的男士交谈时，你会发现，他们最爱谈论的话题是汽车。假如有人突然在聊某个具体的汽车品牌，这并不意味着他计划买车，但你可以提出一些购车的问题，他一定兴奋地跟你聊下去，因为他至少想表示自己是有能力买车、对车是有研究的。接下来，你要做的便是聚精会神地听他阐述观点，不要露出不耐烦的表情，这样就可以获得他的尊重。

在与家庭妇女聊天时，需要注意的话题是什么？你会发现，她们的话题大多是她们自己，因为已经结婚的她们觉得自己才是最应该被关心的对象，而不是丈夫和孩子。她们有时也谈论丈夫或者正读小学的孩子，这并非出于关心，实质是因为她们把丈夫或孩子看作自己的化身，谈论他们也等于在谈论自己。那么，你要做的是“恭维”她们的贤惠：“你真是一个伟大的母亲，太不容易了！”她就会时常找你聊天，并告诉你她所探听到的一切八卦。

• **为什么用这个措辞？**说话时用词的习惯会透露出许多秘密。即使同他自己想表现的自我形象无关，通过分析他的用词，也可以大体上看出这个人的真实形象和他的动机。从这个角度深入地分析，他本人没意识到的用词所体现的内涵比他专心选择的用词更能说明问题——这能告诉我们他是一个什么样的人，并透露出他的目的。

在哈佛大学心理学系已任教15年的埃德森说：“一个人说话时的语言风格能够表明他的出身，语言除了社会的、阶层的或地理上的差别外，还有因个人的动机、能力、情绪等而出现差别的心理性的区别。人的深层心理会不知不觉地反映在自我表现的手段——用词上。所以你想判断一个人的目的，就思考一下他为什么用这个单词而不是另一个。”

比如：使用第一人称单数“我”的人，自主性和独立性较强，他在向你表达立场；常用复数“我们”的人则较为缺乏个性，有集体主义倾向，喜欢随声附和，他容易趋向你的立场并获得你的接纳。经常使用难懂的词和外语的人很有趣，为什么在母语环境中对同胞说话要用外语呢？这种人多是将词语作为掩饰自己内心弱点的盾牌，虚荣心较强，看似形象闪亮，实则一击就破。

“为什么对方说了‘我觉得’而不是‘我决定’？”这也是一种微妙的区别。前者是商量与探讨的语气，后者立场不容挑战。一词之差，体现了完全不同的动机。人们总是认为自己在用“自己的话”说话，但事实并非如此。人们在说话时的遣词造句都是有讲究的，带有强烈的自我表现欲。探寻到这一点，就能窥见对方的内心深处。

• **为什么是这种说话方式？**人的说话方式中蕴藏着他内心的真实想法。一般说来，一个人的感情或者意见，都在他的说话方式中清楚地向外传递着信号。只要仔细揣摩，即使是弦外之音也能从说话方式的变化中逐渐感知出来。

第一，说话快慢的区别。一个平时说话很慢的人，突然提高语速，意味着什么？

语速的变化是洞察深层心理的重要关键。例如，如果对于某人心怀不满，或者持有敌意的态度时，人们的说话速度会有两种变化——变得迟缓、冷漠、爱搭不理，或者语速突然加快（生气）。如果人们准备说谎时，说话的速度往往突然变快。

多明戈的经验是，当他下班后不准备像往常一样按时回家，而是计划留在办公室与同事喝点红酒或者去夜店玩上两个小时的时候，回到家面对妻子的询问，他的语速就会加快。“我会跟老婆说自己加班了，而且还要诅咒现在为什么有这么多的工作干不完等等。我说话的语速也一定会比平常快两倍，这样我就可以解除内心潜在的不安。”

遗憾的是，多明戈的谎言每次都被妻子揭穿，因为他的妻子是高盛公司的公关顾问，是一位话术高手，同样是说谎专家。

第二，音调高低的区别。从一个人说话的音调变化中，你能看出些什么？

回到多明戈在家庭生活中的“凄惨故事”。这位“被迫加班”的好男人身上写满了故事，当他回到家面对妻子的提问时，他说话的语速不仅加快了，而且慷慨激昂，好像今天的工作任务让他极为反感。实际上，他是很不愿意加班的，这都怪我，因为是我给他增加了不少额外的任务。

不过，即使有我帮着背黑锅，多明戈的妻子也总能察觉出问题，她有时只问一句话，就能让丈夫原形毕露：“明天，你把公司考勤数据拿给我，我就知道你是几点离开公司的。”

另外，当两个人的意见相左时，一个人如果提高说话的音调，表示他想要压倒对方。也许他的理由不太充足，所以他只好虚张声势。凡是这些心怀企图的人，他说话时就一定会有意地抑扬顿挫，制造一种与众不同的感觉。他的音调暴露出一种吸引别人注意力的渴望，自我表现欲明白无误地展示出来。你也能从中看到他的真实动机。

第三，倾听方式的区别。“倾听”也是一种说话的方式。一个人如何听别人说话，也能透露出很多隐藏的信息。

李维文在与政要打交道的过程中发现，高明的谈话者不仅善于倾听，惜字如金，而且擅长观察和自己同一类的人。构成一场谈话的前提包括了两种不同立场的人，即说话者与听话者、提问者与回答者。一个精明的政客可以根据对方倾听时的各种反应，来突破对方的深层心理，捕捉到他的动机。

“这不是一件容易的事，需要你具有绝对敏锐的发现力。”他说，“假如一个人在很认真地听话，他大致会正襟危坐，视线也会一直盯着对方，脸上的表情也很专注。反之，他的视线必然是散乱的，身体也可能在做出其他动作，比如身子倾斜，或者手指乱动，这是对方走神和心情厌烦的表现。在你提出和阐述一个观点时，可以通过观察对方的反应来判断他是否同意你的想法。”

有的人会仔细地倾听对方的每一句话。等到讲述者快说完时，他也会透露自己的心声。你看不出他是满意还是反感，是接受还是拒绝。这样的人具有强大的意志力和耐心。和他聊天，你最好从一个平常的话题切入，然后认真地倾听、提问、倾听……一步步地达到自己的目的。这是一场耐心的比拼，因为你遇到了一位对话的高手。

• **为什么是这个表情？**提问时，对方表情的变化不可忽视。人们脸上的表情就像天上的云彩一样，阴晴不定，变幻无常。我们常说的察言观色，就是指观察人的脸色，获悉对方的情绪。说话时人的表情变动，往往代表了他内心真实的想法，是即将采取某些行动的信号。

丈夫小A和妻子小B刚结婚时，感情很好，常常形影不离。可是，随着生活的日渐平淡，彼此都熟悉了婚后的生活，再也没什么新鲜感了，就常常为柴米油盐酱醋茶的琐事而吵架了。

起初小A和小B一有不满，就互相争吵，各不相让，但吵过后，两人坚持不了几个小时又和好了。这好像已经成了家常便饭。后来，小A和小B谁也不愿再理睬对方，他们经历了一个冷漠的阶段。

但这也不是办法，两人还要面对家人和朋友，为了不让别人看出来，他们逐渐过渡到有别人在场的时候，彼此显得关系还不错、很恩爱。可一旦只有他们独处时，家里则静悄悄的，两人互不打扰。

渐渐地，没人在的时候他们也开始说话了，但这并不是尽弃前嫌，只是有时候有一些不得不说的话而已。随着彼此间的不调和发展到极端时，不快乐的表情逐渐消失，在他们的脸上反而呈现出一种微笑，彼此的态度也变得亲切了。

北京一位经常办理离婚案件的法官说：“当夫妇间任何一方表现出这种态度时，就表明夫妻关系已到了不可调和的地步了。”这充分体现了人的表情有多么重要！作为一种高级生物，人的心理活动是非常微妙的，千变万化常在一瞬之间。但这种微妙的情绪经常会从表情里面显露出蛛丝马迹，被我们发现。

比如，如果遇到让人兴奋的事情，人们脸部的肌肉会松弛，而遇到了伤心的状况，则可能泪流满面。只不过，有些人不愿意这些内心活动被别人看出来。他们说话时保持正常，不容易发现其心事，但表情和眼神是很难欺骗人的。

第三章

否定式提问，用反问打消你的疑问

学会进行否定式提问

◆◇

对别人提出的要求，你也许想听到对方的肯定回答。但一般只有特别自信的人才会提出相反的问题，对一个话题进行反向的思考，来证明去做一件事情是值得或者不值得。你要看到清晰的可行性。

对于否定式提问，我举一个例子：

我们背单词时从A一直背到Z，都会觉得很简单。可是让你从Z倒着背到A的话就很吃力。这时，你要先按顺序背一遍，才知道前面是哪一个单词。

这表明“否定之否定得出肯定”的逻辑需要大脑深度思考才能完成，它要确保逻辑的天衣无缝，进而保证“零风险”。即使是数学家或数学老师，要经受这样的否定式提问，也不是一件容易的事。比如，一位优秀的数学老师可以按数字顺序对应记下一百多件物品，问他第几个物品是什么时他回答得非常快，但是问他某一个物品的顺序时，他可能要皱眉想半天。

问题来了：当人们斩钉截铁地认定某个事情的正确性时，有多少人能自信地想一想“不这么做的后果”？比如：“我抽烟可以缓解焦虑，请让我抽支烟吧？”“不抽这支烟，后果真就这么严重？”多数人没有反问的勇气。

这是什么现象呢？它意味着现实中的许多问题是经不住推敲的。人们仅仅看到了“是什么”就去做一件事，并没有思考一下“应不应该”的问题。所以，即使展开了对话，也是“浅思考”，没有犀利的提问来使对话深入进行下去。

• **为什么不考虑一下另一种事实？**有一对恋人远行旅游，乘坐一辆巴士进入到某山区，只有他们因故在中途下车。他们下车以后，巴士继续往前驶。但是不久，一块大石头从高处落下，并且将巴士压得粉碎。车上所有乘客无一生还，酿成一起悲剧。

这对恋人听到这件事之后说：“如果我们都在那辆巴士上……”这是一句听起来侥幸的感慨。一般人都会认为，他们在感谢命运的照顾：“还好我们提前下车了。”但实际上，他们并不认同这种解释。

读到这则广为流传的故事，你认为这对恋人的本意是什么？先想想，再往下寻找答案。

他们想说的其实是“如果我们都在那辆巴士上，中途没有下车，那么，巴士就不会因为我们下车而减速，它会赶在大石头落下前驶过出事地点，所有人就都不会死了。”

这个故事除了命运无常的启示之外，还隐藏着一个不容易被发现的道理——所有的事情都存在另一种可能性，埋藏着另一种事实。我们所做的每一种选择，都对事情的进展产生了深刻的影响，改变了许多人的命运。

通过反向提问，你就能发现这种潜在的事实。有些东西看起来是对的，实则未必；有些东西看起来是错的，其实是人们未能发现它的价值。当我们的对话可以到达这种层次时，许多事物的本质就会显露出来。

• **从问题推导出问题**。一个问题的背后，往往还有一系列的分支问题。分支问题背后的答案，才是提问者真正的目的，是提问者提出问题时期待看到的答案。

最常见的就是面试时的对话，大部分求职者都经不起面试官的组合提问与否定式的提问。比如在面试结束前，大多数的面试官都会丢一个问题给求职者："你有没有什么问题或者疑问想要提出来？"

无论求职者之前的表现如何，是否有提出过相同的问题。面试官抛出这些问题的真正目的，是用来测试求职者对这份工作有多大的渴望度和热情，有没有具体的执行能力和对工作的了解程度。面试官需要通过"求职者提出的问题"来判断"求职者的能力是否存在问题"。

所以，假如你对此感到害怕，认为这时提出一些过于犀利的问题并不妥当，或是不知道该从何问起，甚至客套地回答一句"没有问题"时，这都会是一个错误，很可能会让面试官认为，你不具备胜任这份工作的能力，你的渴望度和决心还不够强。

对话时的反向提问应用极广。除了应聘求职外，如果你对一些建议感到疑惑，不同意某些人的思路，也应该积极、主动地利用提问的机会适时地提出自己的看法。这不但有助于谈话的对象加深对你的印象，而且你也能趁此机会进一步了解对方的思路是否成熟，最后做出成熟的决定。

对比一下你们各自的定性

◆◇

电影《大空头》(*The Big Short*)讲述了2008年美国的金融危机，布拉德·皮特饰演一位声望很高的退休银行家，有两名初出茅庐的年轻投资者找上门来，希望他帮忙运作贷款违约的保险生意，以卖空的手法大捞一笔。

当这两位年轻人高兴得手舞足蹈、庆祝即将到来的暴富奇迹时，银行家却严肃地问："知道你们刚刚做了什么吗？你们在对赌美国经济。"

"是的，我们完成了交易，我们做到了！"

"这意味着什么，你们清楚吗？"

年轻人回答："假如我们是对的，人们就会失去房子，失去工作，失去退休金和他们的抚恤金。"

"那么，别在我面前为此而跳舞！"

对于同一事件的不同定性，决定了人们的态度，这是最简单也是最生动的例子。所以即使你们对于问题的表述是一致的，也不意味着在沟通时就一定能“尿到一个壶里”。在对方兴致勃勃地告诉你一件事时，要学会对比你和他对于该问题的定性存在哪些不同，以及你们各自的需求是什么，然后再表达你的观点。

• **答案就藏在价值观里。**旅居美国十年的社交学者李杜是我的好友，他最近在研究一种“聊天文化”——人们是如何在聊天时自觉站队的。当一群人（三个人以上）聚到一起聊天时，几乎每一件需要体现立场的问题都会立刻把众人割裂，让人们悄然形成两个或三个互相对峙的阵营。随着强力人物的出现，阵营会进行调整，强者的阵营得到扩充，弱者的阵营人数减少，或许还会出现一个不知好歹的孤家寡人。

他说：“这也是一个颇为有趣的现象。比如，我们去观察小学生们的聊天，他们的立场总是快速分化，从不同的个体演变为一伙人反对另一伙人。再剖解下去，就会发现这是价值观的初始形态。人们对问题的态度就藏在价值观里。”

• **大部分问题都是从一个选择题开始。**我们的表述和观点总是呈现出一种“解答题”的形式，但很多时候我们都忽略了“选择题”。处于一个强大的环境中，你需要表态时总是顺其自然地倾向于大家都认可的答案。“是什么”和“应不应该”好像是大多数人共同决定的，他们说什么你就说什么，他们做什么你就做什么。因为围绕着你的环境通常会有一个默认的选择，那就是随波逐流。但默认的选择一般都不是“好选择”，就像默认的问题总是一个“坏问题”一样。那么，应该如何进行更好的提问呢？

第一，提问，首先是给自己的选择题。你可以提出任何一类问题，听听大多数人的话，参考少数人的意见，但最终需要自己做决定。问题的回答者只有你自己，也只能是你自己，无法逃避。你要听取对方的解释，但是没有人能够替你选择。即使你选择随波逐流，被对方说服，也是由你自己回答了这个问题。

第二，每个人的成长都是从提出一个问题开始的。区别在于，有的人很快找到了答案，有的人终生寻求却迷失了方向。我们都要把生活和工作中大大小小的问题融入自身的价值观之中，这在说话和行动中体现为特有的标签。所以说话时你不仅是在表达某些观点，还是在展示你的名片，告诉人们你是理性、成熟还是尚欠火候。

• **解决行动的障碍。**搞清楚定性问题以后，就需要解决行动中的问题。"是什么"和"应不应该"的问题是对某种行动必要性的解释。当公司合伙人建议你再拿出200万投入公司的某个项目时，你难道不要思考这个方案的可行性吗？任何形式的聊天都会遇到这两个问题，我们要形成自己的观点，要判断应该做出的决策。即使生活中的普通小事也是如此。

玛丽有丰富的参与审讯和情报分析的经验。她说："一切为了行动。以前我们在开会时经常吵得面红耳赤，这样的对话是不友好的，但我们的初衷都是好的。比如，我总是反问：'假如这时发起行动，是否会危害到线人的安全？'"

玛丽是一个对话的专家，她也非常善于提出问题。在审讯中，她会通过各个角度的提问搜集必要信息，判断嫌疑犯的口供是否真实。

有一次我这么评价她："你是一个优秀的工作伙伴，却是一个可怕的朋友，任何虚假答案都瞒不过你的眼睛。”

她笑着说：“如果你把每一次聊天都看作一场对自己观察能力的训练，时间久了你也会拥有这种能力。”

判断对话是否有利于我们的行动，有两个原则可以用来参考。

第一，你是否从中看到了解决根本问题的可能性。

有效的对话一定会带来切实的行动，可以从根本上解决双方面临的问题，去除行动的障碍。所以，要想想自己提出问题的目的是什么。你提出什么样的问题，对方就会给出什么样的回答。问题不着边际，回答自然隔靴搔痒。在开口之前，就要对语境和面对的形势有一个初步的评估，然后有针对性地提出问题——让对方拿出可行的方案。

石油大王洛克菲勒在写给儿子的信中就教导他：“别相信那些美好的许诺。当你走进办公室，应该学会提出三个问题：‘是什么？做什么？怎么做？’不要把时间浪费在毫无价值的沟通上，一分钟也不要！”

第二，你是否能从对话中体会到对方协同行动的诚意。

玛丽判定一次审讯是否会取得成果的标准之一，就是嫌疑犯在回答中传达出来的诚意有多少。她说：“技术上的难度总是次要的，合作的诚意才是最重要的。”

2008年的一次行动中，华盛顿分局破获了一起预谋袭击当地警局的恐怖案件，抓获了4名嫌疑犯。审讯伊始，就有人供出他们下一个袭击目标是曼哈顿大桥，已经购买了3千克TNT炸药，同时供称尚有十几人为此计划服务，远在警方监控视线之外。幸运的是，一名被捕的嫌疑犯表态愿意配合联邦调查局的行动，参与对这个案件的侦破工作。

审讯中，玛丽却看出了破绽。就在对方大谈这次袭击行动的组织环节时，她突然问了一个与此案毫不相干的问题："你有多久没回过家了？"

这个嫌疑犯愣了一下："很久了，有六七年了吧，我早已忘了家人的模样。"

随后，玛丽说："也许应该重新评估这个家伙的诚意。"

她的理由是，一个这么久没回家的嫌疑犯，对于家庭早就没有了惦念之情。他在犯罪组织中日夜熏陶，不可能一夜之间就幡然悔悟。她提供了对这份情报的分析结果，制订了新的审讯计划，最终证明这个人供称的情报存在重大漏洞——他们要袭击的目标不是曼哈顿大桥，而是国会图书馆（华盛顿的地标建筑）。

如果人们只是随便聊聊，打发一下光阴然后回家睡觉，我们用不着这么认真。但当聊天涉及到重要的工作或商业事宜时，你就必须睁大眼睛，判断对方的虚实真假和隐藏的意图。有句话说："说一万句，不如迈出一步。"不要听对方说什么，要看到他准备怎么做。后者才体现我们对话的成果。

跟随“变化”提出问题

◆◇

任何事情都是动态变化的，我们提出的问题也应该如此，根据环境的变化和事态的发展，发现新的问题，有效地沟通解决思路，提升谈话的水平，更有效地说服别人。

战国时期，有一个楚国人坐船渡长江。船行至江中时，他不小心将身上佩带的宝剑掉到水中，却没能及时抓住。于是，他就在掉剑的船舷旁做了一个记号。船靠岸之后，他就在刚做记号的地方跳下水去，寻找他的宝剑，结果当然是一无所获。

“刻舟求剑”的故事人们耳熟能详，比喻一个人不懂事物已经发展变化，仍然静止地看待问题。道理我们都懂，现实中却并非人人都能随时地贯彻，因此就很难跟上事情的变化。思路落后一步，行动可能就会落后十步。在沟通中，必须敏锐地发现这些问题并且及时地提出来，要求对方予以回答。

洛城分公司广告部的经理麦凯有一次拿着一份宣传方案来找我，想说服我批准这个方案并给他15万美元的经费，联合几所大学组织一起为期一年的活动，通过话题调查实践宣传公司的品牌。我看完第一页，就知道这是他半年前写好的方案。现在市场已经起了一定的变化，这份方案不可能收到计划的效果。

于是，我向他提出了三个问题：

1.两个月前其他公司就已经大规模开展的活动形式，我们现在是否还有必要？

2.半年前的数据，现在是否有所变化？

3.对于调查活动的效果，是否有精确合理的预估？

我希望麦凯能用第一手资料回答这些问题，但他没有给我满意的解释。麦凯回答不上来，他的理由是："公司应该试一试，以免错失良机。"对商业活动来说，"试一试"永远都不是能说服人的理由。因此，我提出了一些必要的问题，然后终止了那次对话。事实证明，同时期开展类似活动的公司，并没有达到预期的效果。因为市场在变，类似的计划已经过时了。

变化是宇宙的规律，也是社会的定律。不仅长时期内的事物会发生剧变，形势会发生逆转，即使一夜之间，人的心思也往往发生极大的变化。在这个变化无处不在的环境中，任何问题都应该符合当下环境的特点和需要。你要认识到这一点，并能严肃地审视。

在“对话”项目中，我们主张人们用“变化”的观点看问题，也要从动态的视角去看人、揣摩人的心思，方能抓住双方的交集，碰撞出真正的智慧。

对此多明戈有很深的感悟：“在和不同阶层、领域的人接触的过程中我发现，拥有动态视角的人实在太少了。人们习惯于用老眼光看待新问题。”

他举例说，有一位四十岁的父亲苦恼于跟儿子的沟通问题，儿子和他说话总是聊了两三句就甩门而去，让他十分生气。他觉得现在的年轻人都太不懂事了。可事实上，很多问题都是父亲在用十年前的标准要求孩子——重要的是他的儿子已经长大了，不再是那个不能辨别是非的小孩。

类似的问题我们在“对话”项目中遇到许多。人们时常面临沟通的障碍，怎样指出别人的问题，或者纠正自己的问题，以便让沟通顺利进行下去？拥有动态的思维是非常重要的，要始终站在当下思考双方的共同问题，做出最符合实际的判断。

“最坏”比“乐观”更值得关注

◆◇

在某国总统大选期间，报纸专栏记者杜兰特提出了一个问题：“如果某位侯选人当选了，最坏的情况是什么？”

然后他分析道，这位侯选人的真实想法和政策意图是难以捉摸的。如果当选为总统，势必会为市场增加更多不确定的因素。但是，就如同英国脱欧结果出炉之后的股市反应一样，虽然股灾之声不绝于耳，但在经过短暂的恐慌后仍然能够重回正轨。

在和同事聊天时，杜兰特的问题是消极的，但他的分析却趋向于最后的乐观。相反，同事的观点非常积极，却未能得出一个正面的结论。两种思维在对话时的碰撞，反映的是分析问题的不同方法带来的结果的差异。

杜兰特解释说：“我喜欢对每一个事物都做最差的预估，尤其在一开始。这能让我发现那些潜藏在后面的风险，然后以此为根据去审视事情的走向，同时也看到机遇。我不是一个好的聊天对象，看起来太悲观了，不是吗？我认为这比盲目乐观要好一些，至少能帮助人们看清那些细微的不利因素。”

• **大部分人想不到乐观预期的代价**。通过观察人们的聊天方式我发现，大多数人在对话中分析和预测问题时会表现出更多的乐观态度，向上看而不是向下看。但就实际效果来说，过于乐观的预期往往不能使人称心如意。

比如：“你知道吗？我昨天买了5万股，现在走势良好，预计下周我能赚10万块。”

“如果我能在一个月内成功地拿到5000万投资，这个项目就可以实现盈利，想想就让人激动！”

不知道有多少人以这种盲目的乐观向朋友或其他人介绍过自己的宏伟蓝图。就我而言，我差不多每年能听到成千上万句这样的话，可最后得偿所愿的不足万分之一。乐观的预期能够激励一个人挖掘潜能，但未必就能让他在夸下海口之后梦想成真。现实的残酷还在于，除了无法实现目标，他还可能损失更多的东西。

亚历山大以前一直跟父亲在他们家自己的律师事务所工作。35岁时，他患了轻微的心脏病。这时他想要调整一下自己的生活，希望能实现自己在旧金山开办一家冲浪学校的梦想。他收集了大量资料，制订了一个投资计划，然后开始估算可能出现的最差情况，以推测自己的梦想是否能获得成功。

期间，有朋友劝他把这个学校进行商业化运作，他反问道："你认为我身体的状况允许我这么做吗？"这个过程中，亚历山大将一些物质上的需求（例如地位、高收入、宽敞的房子、豪车等）完全排除在外，然后，找到了自己所真正想要的东西——健康、平静和心灵的满足。

在这个故事中，亚历山大接受了自己将损失"物质利益"这一事实，然后生活为他打开了另一扇大门——他有机会享受更长久、更为有益的人生。他想到了自己身体最坏的情况，对自己提出了相关问题，拒绝了其他人的建议。如果他盲目地接受乐观的预期，很可能会在执行原定的人生计划的过程中失去健康。

•用"底线思维"提出问题。作为一种为可能出现的问题设立红线的思维技巧，底线思维可以让我们认真计算风险，估算一个计划可能出现的最坏情况，以此为前提进行充分探讨，制订预案。

生活中，并不是所有人都能够轻易地做决定或者承担风险。即便许多人都来劝诫他采取某些行动，试图用"充分"的证据说服他，他也可能苦苦思索几个星期甚至几个月，最后仍然无法得出结论。同时我也见过不少相反的情况，他们容易被一个激进的计划说服，对隐藏的问题不加以分辨、讨论和思考就匆忙执行，结果不尽如人意。

这两种情况的出现，经常是由于人们对未知的恐惧或盲目的乐观导致的。解决的办法就是，当你需要提出相关的问题时，尽可能用底线思维去展开探讨，挖掘有可能出现的所有因素，规避风险。

第一，面对事实。睁开眼睛，接受出现的最差情况，进行开放式沟通。从长远看，这其实反而可能造成最好的后果。因为一旦意识到我们处于底线的位置上，唯一能做的事只有积极面对。

第二，明白什么对你是最重要的。对于下一步的行动自己要心中有数，而不是别人说什么就是什么。你要看到事物的远景，发现自己想要的东西，思考各种替代方案，并在对话中征求其他人的意见。

第三，学会说不。在倾听意见和做出决策时，实实在在地（并不仅凭想象）考虑在某种环境下可能产生的最差后果。当你感到不安、面临威胁和挑战（源于环境和对方）时，果断行使拒绝的权力。

• **实事求是的评价**。在我们开始考虑最坏的情况时，运用底线思维来提出问题意味着要搜集尽可能多的信息，特别是负面信息，并对有可能出现的最糟糕的状况进行客观的评价。

著有《提问的艺术》和《教你如何口到钱来》等书的杰罗德·帕纳斯(Jerold Panas)说："在各种情境下——尤其是在最糟糕的情境下，你都应该精准判断出那些需要被提及的问题，用这些问题扫除障碍，并推动事情深入发展。这是一门技巧，更是一种智慧。"

处于消极环境和不利因素时，一定要实事求是：是什么就是什么。然后力求从自己和对方那里得到最接近问题本质的答案。看到、听到、预测到各方面最坏的情况，才有机会获得最好的结果。从这个角度说，听对方一万句甜蜜的好话，不如听他一句刺耳的直言。

• **记录"对话"的成果**。具体操作方法如下：

第一，每次谈话结束，拿出5~8分钟，集中全部注意力，记录下此次对话中所作结论可能导致的所有后果。

第二，在你最为担心的那种后果上画一个红圈，不要有所隐瞒，要绝对真实的答案。

第三，另外再拿出一张纸，用大号的黑体字将自己所担心的结果再次记录下来，做重点记录。

第四，想象这个最坏的后果此时此刻已经发生了，认真地对此进行思索，并总结此次“对话”的整个过程，给自己打一个分数。

按照这四个步骤进行，如果你能够接受那些比较糟糕的结果，那么你也就能轻易地做出正确的决定，并分辨出哪些提议是积极和现实的，哪些则具有明显的蛊惑性。如果你不能接受消极的可能性，就问一问自己：“我为什么不能？”然后为进一步的沟通做好准备。

第四章

假设式提问，让自己掌握沟通的主动权

他是否刻意隐瞒了什么

◆◇

著有《QBQ问题背后的问题》一书的约翰·米勒(John G.Miller)把实践“个人责任”的方法总结为一个基本的对话原则——先提炼自己的想法，接着去问比较好的问题，最后付诸行动。

体现在对话中，这一原则的核心就是我们必须认真地解决问题。在米勒看来，“解决问题”是一个人职业精神的表现，也是工作中是否敬业和生活中是否可靠的首要前提，同时也是我们对话的目的。

沟通中最常见的现象是什么呢？坐在你对面的人每天反映的都是大而化之的问题——市场在萎缩、竞争对手太强了、环境变化太快、别的部门支持不够、其他客观条件的限制……他刻意忽略了自己的责任，害怕你发现那些关键的负面因素。

毫无疑问，这是没有很好的实践上述原则，然后在沟通中要起了花招，逃避应负的责任，欺瞒另一方。你应该时刻铭记的是——我们不是因为谈天说地而聚到一起，严肃对话的前提是我们能够解决问题。从这个目的出发，你就不会天真到相信一个人的所有说辞。

• **如何发现错误的信息。**假如你正在和一位客户或者对手进行沟通，你们为了一桩重要的交易进行谈判。他侃侃而谈，试图说服你相信某种事实。但你能感觉到对方在一些事情上对你有所隐瞒，一些信息被掩盖了。更糟糕的是，他甚至会给你传递许多“经过加工”的错误信息。

美国北卡罗来纳州的一位客户史蒂芬语气焦急地对我说：“高，我们的项目要黄了，除非你追加资金。”然后他解释说：“一些州参议员在鼓动通过一个法案，要对境内所有非制造业项目限制经营……我接到了一个知情人的电话，告诉我可以通过扩大投资说服参议员。”

“为什么我不知道？”

“还没有媒体报道。”

“增加投资是没有问题的，但您需要告诉我，为此我需要承担多大风险？比如，即使增加投资，项目仍被限制的概率有多大，资金损失率是多少？”

史蒂芬沉默了10秒钟，没有回答我，而我也没有追加投资。

当对方有意隐瞒重要因素并鼓动你采取行动时，你将如何发现这些藏在背后的信息？

玛丽说：“审讯中一个常用技巧便是，嫌疑犯越是强调的事情或细节，我们就会越往相反的方向去进行推导，并进行重点提问。谎言就藏在细节里，而你需要为眼睛装上雷达，捕捉到那些细微的变化。”

例如，在许多关于肢体语言的书籍中都提到，有各种方法可以用来鉴别在你面前的这个人是不是在有意对你撒谎——当他们在说“是”的时候是在摇头而非点头，或者回避你的眼神，望向别的地方，甚至会背过身去。

• **问题的基准线**。著名心理学家保罗·艾克曼（Paul Ekman）的研究表明，我们不仅仅是从肢体语言或者面部表情来看出你的聊天对象是不是在有意对你撒谎。在判断的过程中，你首先需要建立一条关于提出问题的“基准线”。

第一，问题不要对其有太大的压迫力；

第二，重要问题的提出要瞅准时机，不要给他“筹备说谎”的时间；

第三，直截了当地提问负面因素，比听他主动坦白要更好。

意思是说，我们要保证提出一系列不会有潜在压力的问题，促使对方讲实话，并且毫不掩饰地告诉你事实的真相——你最想听到的答案。通过提出的问题本身，我们就能知道对方会讲真话或假话。

比如，聊天一开始，我们提出类似“旅途累不累”“飞了多久”“有没有想去玩的地方”等一些日常问题时，注意观察对方的表情。当他们给你一些非常直接的回答，而不是对这类无关紧要的问题说起来没完没了时，表明他是一个较为坦诚、具有方向感的人，否则他就可能是在撒谎，试图对你隐瞒一些东西。

其次，当你要求他在一定的期限内履行既定的承诺时，除了听起来不确定，对方的表情也会发生改变，嘴唇的颤动、眼神的闪烁、肢体的异常举动、原地踱步沉思等。这些现象表明他对此并不是很有自信。很明显，对方即使同意了你的意见，回答了这个问题，他自己的心中也并没有任何把握。这样的聊天总是没有成果，既浪费时间，又没有收益。

重要的是他掩饰了什么？我的经验是，就算他在被问及一些有压力的问题时改变了自己的行为或者姿态，给出了不确定的答案，还是没有任何依据肯定这个人就是在刻意忽视重要信息。聊天时这种情况是常见的，对于负面因素他有预感，但同时又有难言的苦衷。我们只能说这个人不是一个特别坦诚的人，但不能断定他就是在欺骗你，这是对话的一个常识。

我们需要做好的工作是，在不同的时候对不同的人提出相关的问题，收集核心和周边信息，结合这个人的说法再给出判断。按照基准线原则，提出一系列的问题，从各个角度来分析、评估对方到底遗漏或隐瞒了哪些信息。

更重要的问题就在这里——“对方到底对你撒谎以及隐瞒的问题是什么？”以及“接下来在这场谈判中，你该做些什么？”和“他为什么要隐瞒？”

对这三个问题，一个很好的解决方法就是上面我提到的，寻找其他的相关人士进行各种形式的沟通。对对方的同事、自己人和周边关系做深入、全面的了解，争取一定的时间对信息进行验证。当你发现对方并不是真正地、认真地看待负面因素时，说明他们合作的诚意不足，或对你有所企图，那么你下一步最好的办法就是结束对话，远离这一类人或者客户。

他想让我相信什么

◆◇

以销售人员的遭遇来说，今天的客户已经变成了一个极具攻击性和刁难性的群体，这是因为人们的选择越来越多，老主顾跑得越来越快，大订单拿得越来越少……但在客户看来，销售人员的问题也有很多。过于花哨的说服技巧让人们对从事这个行业的每个人都充满了天然的不信任。针对这种情况，我们该如何应对呢？

• **动机分析法**。著名商业顾问拉姆·查兰（Ram Charan）擅长发现并解决复杂的商业问题。他说："我们已经到了应该以另一种方式看待销售的时候了。"查兰的主张是，要通过诚恳的对话了解各自的问题，实现沟通的目的。当你拥有诚恳的态度时，就不用担心猜不到客户的心思，客户也不用担心你会欺骗他们。

在这个过程中，你要注意的是"动机"。对方为什么告诉你这些事情，为何这么说而不那么说？任何人说话时都是有动机的。小到请女人约会，大到拿下一份天价合同，人们用各种技巧包装自己的语言，扬长避短，试图说服对方。约会、合同、攻守同盟等种种目的，这些都是动机，是你首先要揣摩的。

在分析对方的动机时，最有效的做法是“听、想、问”三个步骤。

听：听他把话说完，听仔细。

想：想想他为何这样说，想清楚。

问：问你感兴趣和必须问的问题，问明白。

就像我们去商场购物，一位手机销售员极力劝你买下一部新款手机，介绍了手机的很多优点，而你又犹豫不决时——这表明你在对话中落于下风，心理防线即将被攻破。此时，该如何转守为攻？

方法很简单，问他一个问题并让他回答：“告诉我这部手机的缺点。”这正是他最想隐瞒的内容。

• **假设你是一个“骗子”**。现在，假设你是一个出色的“骗子”，你会怎么给对方设局，让他深陷于你的语言逻辑之中？如果不知道如何回答，我换一个问法：“和我们的领导怎么沟通比较好？”当你用“骗子思维”对付领导时，你发现的第一个问题也许不是自己的良心不安，而是过去的自己实在太幼稚了，尤其在说话这一方面。

团队培训专家、《给你一个团队，你能怎么管？》一书的作者赵伟说：“人们和领导聊天总是‘压力山大’，碍于领导的权威，人们不敢随意反驳，自然不敢随心所欲地提问，但又想弄清一个问题，领导说这话是什么意思呢？”

每当被上司叫去谈话时，人们都心存疑惑：“领导想干什么呢？”

解决这个问题并不困难，只要把自己换到他的位置思考就可以了：如果我的领导是一个“骗子”，他计划对我施展“骗术”，他会怎么做？

站在领导面向下属的角度，你就理解了他的说话动机。

•诚实地说“不诚实的话”。高明的谈话者，都擅长以诚实的态度去给出不诚实的回答，人们很难识破他的伪装。对此，如何发现和辨识？

第一，想想他要什么。以“自我为中心”的对话思维，能让你立于不败之地，但解决不了根本问题。除了守护自我的立场，还要换位思考对方的真实目的，也就是他的需求。

第二，问问他要怎么做。涉及关键问题时，不要保留自己的主见，全部表达出来，告诉他你的想法，询问相关的问题，然后等他的答案。即使他的态度是真诚的，好像不是在欺骗你，也要讨论清楚“你让我做什么”的问题。

用假设，让自己占据主动

◆◇

为什么有的人在提问时喜欢玩“炒冷饭”的把戏？

具体表现在：

第一，提过的问题反复提，问者不觉尴尬，答者索然无味；

第二，总是提很陈旧的问题，明知有答案，却仍然提问，让自己很被动。

遇到这种情况，你是高兴还是越来越反感呢？

我曾经在咖啡馆见到两个人在聊天，从坐下来聊到结账的40分钟时间内，都在同一个问题中来来往往，反复纠缠。或许他们困惑于该问题，但在我看来，答案明显已经摆在桌面上了。这是低质量的聊天，其功用只是消耗一段无聊的时光。

对于谈话对手的了解是沟通取得成功的前提和基础。但是在实际的对话过程中，当他设了一个陷阱时，即使前面你准备得比较充足，有时候我们还是会处于被动的地位。沿着对方的思路走，掌握不好就可能成为冤大头，沟通的成果有利于对方而不是你。

在本书中，我们希望这能成为一个得以解决的重点问题，改进我们聊天的话术，能够问出新问题，你才能引导谈话。尽管这不是什么灵丹妙药，但在关键时刻也许能让你把握先机，化被动为主动。

• **发现陷阱**。在实际的对话过程中，我们有时会遇到以下几种情况：

第一，急于提出自己的关注点。在准备提出问题时，我建议你不要太早露出底牌，要先听听对方怎么说，让他逐步展示自己的逻辑。但现实中很多人是急性子，往往对方还没开口，自己就先表了态，结果对方可以从容地对症下药，组织语言来说服你。如果你能晚一步，等他先说完，你再提出一个新问题，届时被动的就是他了。

第二，提出"陷阱式"的问题。不少人不仅急于提出自己的关注点，还给自己挖了一个洞再往里跳。比如谈生意的时候，明明对方有求于你，你却先问他能接受什么样的价格，并亮出了自己在价格方面的底牌。于是，当对方透露他们的条件后，你就失去了选择的权力。

这两种情况说明，识破话题的陷阱是一个技术活。对话时，什么时候"亮底牌"是很重要的。关键问题的提出，必须顺理成章，在一个最恰当的时机亮出来你的底牌。时机把握不好，之前的努力就会白费，你也会掉进一个问题的陷阱。

• **观察和评估对方的问题**。通过提出新的问题，改变讨论的话题，再看一看对方如何回答你，并进行评估。就像多明戈做的那样，投资顾问是很聪明的，他们有的是办法套住客户的钱。比如“整体趋势良好、未来涨势喜人”之类的理由，通常能说服一大批人。

但多明戈提出的问题是：我不关心市场大环境，我只关心自己的股票。这样一来，就给顾问限定了一个解释的范围，自己掌握了决策上的主动权。

在对话或谈判的过程中，我们有两种提问的方式：主动提问和被动提问。这主要还是看对象而言，而不是看自己。有些比较有耐心的人愿意听一听对方到底想说什么，他们可以拿出10分钟的时间听一个人讲话，然后不急不徐地提出自己的问题，这是完全主动式的提问。还有些人是急性子，对方刚讲了两句，自己没搞清楚情况就问了一系列的问题，这便是被动式的提问，因为你的心思很快就被谈话的对象察觉到了。他可能就会改变后面的对话策略，针对你的关注点和弱点有目的地组织语言。

“被动提问”对我们是不利的，多主动提问，然后结合对方之前的表述，再评估他现在的回答，才能真正了解到对方的底牌，为沟通成功做好准备。因为一旦知道了他的底牌，我们就能提出犀利的、直达本质的问题，把事情聊透，实现交流的目标。

• **改掉习以为常的错误**。对话中人们有一些经常犯的“错误”——之所以打引号，是因为多数人并不觉得这是个问题。

我曾经对手下的公关团队说：“在谈判和公关交流中碰到的困难并不可怕，所有的困难都是暂时的，不是永久的，也不是无法解决的。最可怕的是我们对于已经习以为常的错误不思考、不总结，以致付出更多的代价和更高的成本。”

因此，每一次对话之后学会有针对性地总结是至关重要的。要为自己列一张清单，记下在人际交流中容易出现的问题，以及自己最易犯，同时又不容易察觉的错误，用条目的形式把它们列出来，一条一条地逐一纠正。

聪明人的五种假设

◆◇

• **如何问“更好”的问题。**不要问“我能做什么”，而要问“你需要我做什么”。这是提出问题时的一个最佳范例。它以“你需要”来发问，站在学习和谦卑的角度把沟通的重点放到对方的表达上。学习式的提问可以设置一个“陷阱”，听取对方的心声。问“更好”的问题，就是以对方为中心，去试探双方的交集，而不是一厢情愿地表达自己的主张。

• **不要好为人师。**永远都不要以老师的姿态去与别人交流，这只能置自己于火上。有的人聊天时总是摆出一副“我什么都懂”的姿态，好像没有什么是他不清楚的。可实际上，一个人的形象并不是由他自己决定的，而是取决于他的言行。

在现实中，我们生活的环境是一样的，工作中遇到的问题也是一样的。为什么有的人能如鱼得水，而有的人却只能唉声叹气，处处受挫？关键就在于你是否把自己摆正了位置。如果没有一个客观理性的定位，处处咄咄逼人，就永远都是一个失败者。因为这样的人是不受欢迎的，没人愿意跟他聊天，也没人愿意和他合作。

● **面试官的伎俩。**面试时的对话总是值得我们思考和借鉴的。求职者和面试官的心理博弈，对日常对话也有启示的价值。例如："你希望的薪水是多少？"这是一个经常出现的问题，同时也是一个重量级的问题。但如果你抢先回答，有可能就失掉了主动权。所以，不要直接回答。你可以这样说："这个问题太难回答了。"或者，"您能告诉我薪水的范围吗？"

在你回答得体的情况下，面试官就会卸下他的面具，告诉你答案。如果回答不得体，你就掉进了他的陷阱。比如："我希望月薪不能低于3万。"也许你很优秀，但你此时展示了自己的"自负"，这正是面试官想发现的你的弱点。

● **小心思维的盲点。**我们在对话中最大的陷阱是，有人会向你请教他（你）与另一个人之间存在的问题。这是测试你是否会说别人的坏话。如果你讲了你与另一个人的矛盾，或对其他人的关系指指点点，这次聊天就对你构成了伤害。所以对任何人和事都保持积极态度，不要在背后讨论第三个人，更不要与别人提及和领导有关的问题。

检查一下，看看你是否有思维的盲点——想不到、反应迟钝的敏感话题，一定要避开它们，不要在对话中谈论它们，除非涉及你的切身利益。不要泄露任何个人的信息，哪怕是别人要求你这么做。不告诉他们，你就不会掉进聊天的陷阱。

● **进行替代式的讨论。**美国人大卫·科波菲尔（David Copperfield）

是一位神奇的魔术师，曾在1985年当选为“全美十大杰出人物”。他可以从防范森严的美国阿尔卡特拉斯联邦监狱逃脱，也可以“穿越万里长城”，人们看不出丝毫破绽。有人问他：“你这么厉害，到底是怎么做到的？”科波菲尔的回答是：“父亲告诉过我，成功对我们来说好比是一个固定的车站，我们总在为怎么到达而绞尽脑汁，大家都在争夺汽车上的座位，没有得到座位的人不得不等下一班汽车。可是，为什么我们不能骑马或者乘轮船去车站呢？这样，我们不是也到达了吗？只不过我们换了一种方式。”

“换一种方式思考问题。”这是科波菲尔提供给我们的智慧。道理浅显易懂，人人都知道，可是能真正理解它，并且付诸行动的人却少之又少。不管是做事还是说话，你都要懂得怎样换一种方式看待和思考当前的问题，要从“画好”的语境或情境中跳出来，不要画地为牢，要破笼而出，为问题找到新的参照物，你才能发现自己想要的真理。

比如讨论一个问题，有时我们就需要“换一种思维，换一个角度”，进行替代式的论述，从同一个事物中看到新的东西。在这方面，生活中的例子是很多的。那些思维方面的高手，无一不是在现实中擅长反向思考、从问题中发现机遇的强者。他们无论是做事还是对话，都具有这方面的天赋。

场景1

两个人去卖鞋子，同样到了一个破破烂烂的地方。这儿的人从不穿鞋。第一个人说：“完蛋了，这里的人都不穿鞋，我的鞋肯定卖不出去！怎么办？”第二个人却说：“太好了，这里的人都不穿鞋，我的鞋肯定能够大卖，这是好事！”

如果两个人都纠结于同一个场景、同一种思维中，就很难讨论出新的成果。就拿卖鞋来说，第一个人的角度是：这里的市场是死的，因为大家都不穿鞋。如果第二个人也从这个角度出发看待问题，那么两个人讨论出的结果只能是离开，去别的地方找机遇。幸运的是，第二个人换了一个角度，他看到了人们不穿鞋带来的潜在市场，成功说服了自己的同伴。

另外，你可以假设一个新问题的前提是对方提出的问题不利于事情的解决。此时，我们可以提出一个新的设想，转换视角，把交流引导到一个相对积极的轨道上来。

场景2

有一位斯巴达人对他的母亲抱怨道："我的剑太短了。"母亲则回答说："孩子，你前进一步，剑不就长了吗？"

这个斯巴达人的问题是"剑太短"了，但他的母亲则用"你站得太靠后"的问题进行了替代，成功解决了他面临的难题。

问题替代的思维在聊天中的应用是非常广泛的。再比如，同事向你抱怨部门的预算不够，他只能完成老板交待的任务的一部分。这是问题A，假如你同意，就意味着你和他一起抱怨老板。你如何表态？

你可以提出另一个问题B："完成任务和预算之间是否有直接的关系？"就后一个话题讨论下去，你就是安全的，而且能收获更为积极的成果。

第五章

关键词提问，窥探对方真实的内心诉求

对方最关心的是什么

◆◇

当一个人没有按照提问者的意图给予回答的时候，这时提问者总会说："那个家伙没有听懂我说的话。"可实际上，也许是提问者不清楚对方真正关心的问题。

• **思考他们缺什么。**有一个富人爱做善事，每到冬天就跑到贫民窟救济那些穷人，买很多的东西送过去。但是几年过去，穷人并不怎么说他的好话，也没有人专程过来感激他。富人很生气："我每年花这么多钱，为何一句谢谢都换不来？"他的一名手下说："老板，您买的都是玩具、书包、糖果，这些东西在冬天并不是穷人急需的。"富人问道："那他们缺什么？"手下回答："缺食物和御寒的衣服。"于是，又一个冬天来了，富人运了十几车棉布、棉衣和冻肉过去，结果大受欢迎。

在你开口表达你的诚意时，仅有真诚的态度是不够的，你要先想一想："他最缺的是什么呢？"人际交往中的每一个环节都是如此，一定要明晰地洞察对方的需求，你才能从一开始就了解对方的兴趣。

• **思考他们困惑什么。**每个人都有他困惑的东西，因此才需要找人聊天，和不同的人交流，以期得到答案。假如你不知道他的困惑，聊起来就可能"鸡同鸭讲"，互不理解。

多明戈说："人类是一种特别敏感和容易孤独的生物，所以渴望找到真正懂自己的同伴。这就是对话的意义。要明白一个人的困惑不是一件容易的事，你得善解人意，能听出弦外之音，能从他的表情和动作中发现一点儿不寻常的暗示，说话时有的放矢。"

就是说，在和朋友、同事或商业伙伴聊天时，你都要严肃地思考一下他们内心的困惑——这是一个人的"意志力长城"中最柔软的部分，一旦你能看到他的困惑，就知道自己该说些什么以及该怎么说。

• **思考他们希望得到什么。**与其问"你想要什么"，不如问"哪些地方你还不满意"。女人希望得到漂亮衣服、昂贵珠宝和舒适的大房子；男人希望得到好车、名表和事业的成功；年轻人对未来有美好的幻想；老年人对健康有急迫的需求。不同年龄段、不同阶层的人都有自己希望得到的东西，投其所好，才能聊得开心。这是一个值得花大力气思考的命题。

• **思考你能为他们带去什么。**这是最重要的一个问题。"你能带去的东西"就是你的价值，一个可以为他人带去价值的人才是合格的聊伴。比如，快乐、知识、视野等，都是我们能在聊天中为别人提供的东西。

有位不善聊天的女孩曾抱怨：“为什么每次有聚会我都不受欢迎？好像大家都不想跟我聊，在人多的地方，我总是孤孤单单躲在角落独自喝水、玩手机的那一个。是因为我没钱、没背景，大家觉得我没有利用价值吗？”

我问她：“那些能聊的人就一定是又有钱又有背景的吗？”

她摇头：“当然不是。”

我说：“那就对了。人际关系既不是你想象得那么单纯，也并非你恐惧得那么功利。人们之所以跟你聊得少，原因可能非常简单——你不够有趣，或者你在对话中贡献的价值不多。你很少大胆说出自己的观点，是吗？”

无论是让人笑一笑，还是可以帮助别人解决一些实际问题，这都是你能为其他人带去的东西，也就是你的价值。与其叹息自己不是一个受欢迎的对话者，不如思考一下自己这些年来在聊天时的表现。换位想一想：假如你是对方，你会喜欢这样的自己吗？

请等一下，你刚才说什么

◆◇

能够捕捉并及时强调对方的关键词，这是一种优秀的能力。

有一位新加坡的老板郑先生是人们眼中公认的成功者，他经营一家电子产品的代工厂，手下有五六百名员工，公司的规模很大。由于自身积极投入，不管是在业务上还是在管理上，均有相当的成效。他是一个商业天才，也是一个在工作中非常擅长沟通的高手。在运筹帷幄之中，他总是指挥若定，威风八面，在员工眼中极有权威。

然而，郑先生就是对他的儿子没有办法，两人之间仿佛存在无法跨越的鸿沟。父子俩每次一见面，讲不到三句话，就又拍桌子又摔门，气氛紧张无比，根本聊不下去，家人也无法劝说。

有一天，郑先生又是因为儿子的晚归而大为光火。就在双方吵得面红耳赤之际，儿子突然间停下来，一字一顿地问："爸，再这样吵下去也不是办法，我能不能请你把我刚刚说的那句话说一遍给我听呢？”

郑先生吓了一跳，压根儿也没想到儿子有这怪招。他想了想，说：“你说当父亲的太能干，当然看不起儿子。”

“不对！你再想想看，我是这么说的吗？”

“那你到底是怎么说的？你自己说过的话，为何不再说一次呢？”

儿子笑出声来：“你看！从头到尾，我说什么你都没听到，那些话是你自己想的，我可没有这么说。我们不是要沟通吗？那么，我说什么，你重复一次给我听，再轮到你说，我也会重复你说的最后一句话。”

“我们哪有那么多时间重复来重复去？你是想气死我吗？”

“爸，我们就试试看吧，否则这种争吵会没完没了的。现在，你再想一想我到底是怎么说的？”

郑先生又想了一想，终于承认：“我真的想不起来，你再说一次好了！”

“好吧！我说，父亲你很能干，我一方面很佩服，另一方面怕自己跟不上，心里多少有点压力。”

郑先生冷静地一想，原来儿子说的合情合理，自己怎么会那么激动呢？结果，这天晚上父子俩人竟然谈了一两个小时而没有再吵架，这个结果是他们根本没想到的。

就这样，一个父子之间长期解决不了的沟通问题，因为一次小小的尝试得到了解决。那就是试着重复一下对方说的最后一句话。从此以后，父子之间的关系发生了根本性的转变。

李维文曾在他的讲座中提到一个案例：

广州一家公司的宋总是出了名的暴脾气，说话做事独断专行，下属都不敢跟他硬顶，凡是宋总决定了的事情，大家都会赶紧执行。这样的管理风格固然有利于公司的执行效率，可宋总因此也吃了不少亏，最明显的就是一旦做出了错误的决定，不会有人提醒他。因此，宋总决定改变自己的说话风格。

有一次，一大早他就到了公司。早上要开一个重要的采购会议，讨论的是未来所要采购的价值上千万的机器“到底用美国货好，还是日本货好”。依照采购部门的报价，日本产的价格便宜，质量也还过关，但工程师却主张买美国产的机器。

会议上，宋总让工程师发表意见，这是一种表面上的礼貌，工程师当然知道老板的为人和风格，什么事情早就心有定见，违抗不得的。经验告诉他，老板问他只是一个形式，谁不想省钱？老板心中早已有了答案。因此，他只是应付式地简单说了一下自己的看法。

但今天，宋总却表现得和蔼可亲，他说：“我来重复你的要点，你看我说的跟你的意思是不是一致。日本产的机器价格虽然便宜，东西也不错，可是将来如果出了毛病，要他们来做售后服务，问题就来了，他们的人因为语言问题无法跟我们直接沟通，找来的翻译对于精密仪器又是外行，机器坏在哪里，我们无法充分地了解，下次再发生一样的问题，还是要请他们的人过来，说不定还会耽误生产时间。也就是他们的厂家售后沟通不是很方便，如此算下来，还是买美国产品比较划算。”

宋总的重复说明，让工程师的眼睛渐渐亮了起来。他看到了希望。于是，他打起精神，再次补充，就这么你一言我一语，大家进行了充分的讨论，最后共同决定买美国产的机器。从这次改变中，宋总深有体会。从此以后，他在与下属沟通时会尽量听对方把话说完，并且习惯性地重复一下对方重点表述的部分。这样一来，决策的正确性得到了极大的提升。

如果我们要解决问题，就应该诚心地去理解对方的想法。那么，重复一下对方的话，一方面可以让对方放心，知道你们之间没有误解；另一方面，也可以让你在提出自己的观点前，能够充分地理解对方的意思。对于生活中的聊天和工作层面的沟通来说，这都是一种必要之举。

用关键词消除歧义

◆◇

在聊天时，最坏的用词是什么？多明戈的观点是："凡是容易引起误解的用词，都可能好心办坏事，扼杀对方跟你聊下去的兴趣。尤其在涉及关键目的和与对方的情绪反应有关时，比如某些评价、动机或者你想让他做什么时，用对词是你唯一的选择。"

前不久，美国驻韩美军特种部队指挥官尼尔·托利在佛罗里达州参加一场会议，回答一个假设性问题时说："朝鲜建造了许多军用地下通道，美国间谍卫星难以探察，韩美特种部队因而空降朝鲜去搜集相关情报。"此言一出一片哗然，人们纷纷揣测：是否美军已有作战人员潜入朝鲜搜集情报？

几天后，五角大楼发言人约翰·柯比只好出来辟谣，解释称："所谓的空降侦察并非媒体在歪曲原话，而是军方高层在回答提问时用词不准确，因此产生了歧义。这是在谈论今后的可能性。当然，这并不是记者一个人的错，说话人也有错。”

即使整句话的指向清晰无误，没有被人误解，个别用词的不当也会引发一些特定的歧义。就像美军特种部队指挥官用到的“空降”一词，人们听了既知道他们有能力对朝鲜进行侦察，同时还误以为他们已经进行了空降侦察——这是一个天大的新闻。而在重要的场合，类似的用词错误造成的后果是非常严重的，因此想成为一名称职的发言人，就必须做到用词精确，不能有任何错误。

看看以下这些话，你认为哪些词语是应当修改的？

A：一位年轻的女孩说：“我从初中就开始早练。”

B：一位负责会议接待的女士说：“公司安排我们今晚去接客。”

C：一位广告从业者这样写道：“××牌西装，使您的仪容更潇洒！”

在这三句话中，A句的“早练”、B句的“接客”和C句的“仪容”都是极易引发歧义的用词。为什么有些人不觉得自己说错了什么、对方却无比愤怒？因为说者无心，听者有意。你不是故意的，但对方却很在乎你的用词。

从另一方面来说，为了消除某些潜在的歧义，我们在说话用词时尤其要注重对关键词的使用，尽量避免使用在语音上相似并有歧义而容易使人产生误解的词语。涉及重要信息时，则务必使用能精确传达意图的词语或数字。

• **少用易让人产生负面联想的多义词。**比如：“听说今天你的股票亏损了5000元？”其实对方这支股票已经连续增长十几天，总盈利也超过了50000元。你使用“亏损”一词，别人听到很容易产生负面联想：这个家伙炒股是不是赔了很多钱？这类易引发误解的词语应该少用。

• **数字用词要精确。**涉及到金钱、物品数量及其他财务等数字表述时，务必精确到小数点以后或完整描述。比如应该说：“您订购的产品共计3458件。”而不应该说：“您订购的产品有3400件。”在严肃的交流场合，对金钱数额的描述更应该准确无误，以防对方有不同的理解。

• **情绪表述时的用词禁忌。**在需要表述我们的情绪时，更要注意用词，避免刺激对方。表达生气和愤怒时，尽量采用委婉的方式。比如应该说：“你这件事做得不是太好。”而不应该说：“你这个人太不地道。”前者是就事论事，后者便有人身攻击之嫌。

• **用恰当的关键词突出意图。**提问和回答时都有自己的某个意图，怎么把它突出表达？我的方法是：回答对方的提问时，要请对方重点描述他的意图，必要时可以请他重复一遍；向对方提问时，对于自己的意图要恰当地使用关键词，并且用合适的语气传达给对方。比如：“你好，下周的广告招标会，你们技术部门能在周二和周三那两天临时抽调3个人协助一下我吗？是经理让我来找你的。”

请问，这句话的关键词在哪里？许多人都觉得是前面两句话，其实是最后一句。重点强调是经理安排的这项工作，才能引起对方的重视，得到积极的回应，以免他认为这是你个人的请求。

尽量多使用中性词提问

◆◇

为什么提问时要多使用中性词，而不是有特定情感指向的词？因为中性词能有效地避免或减少误解。

中性词专指褒义、贬义词语之外不能体现某种特殊情感倾向的词语，既可以解释为好的，也可以理解为坏的，对方根据自己的理解可以做任何解释，不会暴露我们的特定目的。

比如："帮凶"是贬义词，"帮手"和"助手"就是中性词；"策动"和"鼓动"是贬义词，"策划"和"鼓励"就是中性词；"串联"是贬义词，"联合"就是中性词。诸如此类。多数人认为，提问都是偶然的、随机的、不可预测的，是针对某种情形或事态给予的反应，很难具体斟酌用词。但事实上，提问时正确的用词对于促进对方积极的回答作用巨大。用词不当，不仅得不到想要的答案，整个对话的氛围也很可能被破坏。

• **客观**。客观体现在“对事不对人”，这是一对一、多人或团队沟通时的首要原则，应该在我们日常的聊天和对话中被反复提及、不断地自我加强，将这个原则落实到我们的心里。如果你的提问是对人不对事，那么对话就演变成了互相攻击，完全无法解决问题。这一原则给我们的启示是，不要使用会把责任扩大化的词语，比如“你这个人”或“我早就知道”，这会让人觉得你是在故意针对他。

• **清晰**。关键用词的指向必须明确、易懂、清晰，听一遍就明白，否则就会造成混乱。所以当你向别人提问、解释或者讲解时，请确认对方都能在第一时间理解你的用意。用词的清晰性体现在表达的各个词语和细节都明确无误。比如：“你能在下周五前给我XX活动的方案吗？”和“你能在下周五下午三点前，给我发邮件，用三千字篇幅来阐述XX活动的市场分析方案吗？”

两者间的区别就在于，后者的问题更清晰，对各个环节的要求十分明确，对方听完就可以给出答案，不用再反问你问题。

• **连贯**。提问需要有连贯。意思就是一口气把问题说清楚，不要说一半留一半。因为人和人的口头交流是瞬间的，一次说不清楚就容易引起误解，耽误时间。有人经常犯这种拖泥带水的错误：“你能帮我一个忙吗？”这不是一个好问题，别人无法回答。你应该第一句就说完自己的全部或主要意图：“今天下午你能帮我写一篇文案吗？不会耽误你太多时间。”这就是连贯性。既清楚表明了意图，又能给对方思考的时间，并且这是坦诚的做法。许多人惯常于先让对方答应帮忙，再说出要对方做什么，这是聊天时的一种“恶习”。

• **舒适**。我们的提问用词要让对方感到舒适，而不是为难、愠怒或反感。比如："你怎么又生病了？"是不是听上去很不舒服？"最近天气不好，很多人都频繁感冒，你是不是也中招了？"这样说感觉就好了很多。批评式的用词要充满抚慰、建议和理解的含义；鼓励式的提问则应尽量客观，不要过于夸大。

有时，夸张赞美式的提问在特定的环境中也会惹人反感："听说你买房自己付的首付？真厉害！"虽然赞美的意图是真实的，但假如你自己是全款买的房，或者很多人在参与聊天，他们都是全款买房，你夸张的赞美听起来就成了讽刺。

• **尊重**。对话中，除了听起来要感到舒适，聊得开心，人们还会要求精神情感上的愉悦，说得明确一点儿就是"互相尊重"。人和人沟通时能够深入交流的关键是"尊重"，不论是提问还是回答，都要体现出"尊重"二字。

尊重该如何判断？如果这个人能够自由、开放、真诚地说话，尽可能使用中性词表达意见，那么他对这场谈话、交流的主题和对象就表示了足够的尊重。比如，提问时有最基本的敬语，回答时不回避问题和矛盾等，都是尊重的一种表现。

• **信任**。要给予并获得聊天对象的信任并不是用嘴说说那么简单的，也不是你觉得"我会信任他""他会信任我"就可以一蹴而就。信任体现在具体的用词和语气中，也体现在表情、眼神和肢体动作中。

从这个意义上说，沟通的数量并没有沟通的质量重要。那些我们天天见面、常常谈话，甚至一起解决问题的人，有时，也未必就能和我们建立起"共同信任"，而是互相提防。假如你在表达中给予对方充分的肯定，少用疑惑句，建立信任就相对较为容易。如果对方向你说点什么事情时，你总是以“是吗”“所以呢”这样的词句回应，就不可能构建牢固的信任，而且也很不尊重对方。

• **诚实**。说话用词要展示我们的诚实，而不要遮遮掩掩。比如：“体育方面我不太懂，说说你的意见？”可对方明知你是一个超级体育迷，这便是不诚实的提问，甚至有挑衅之嫌。你可以说：“我喜欢体育但不太懂，这件事我是这么看的……你呢？”这样的提问就非常坦诚，对方感受到尊重，便十分愿意发表他的看法。

• **隐私**。提问时不要触及对方的隐私，牵涉到私人话题时遣词造句要格外小心。受人欢迎的坦诚往往不是那么容易做到的，因为事实并非如人所愿般美好。特别在隐私问题上，你越坦诚地提问，对对方的刺激或伤害可能就越大。工作中也是如此，尽管你试图客观、中立、保持尊重，但是每个人的骄傲和自尊往往都和工作问题纠缠在一块儿，无法完全分割。

当你在公众面前直接指出他的某个缺点时，结果是十分糟糕的。比如：“你的这个主意让人提不起兴趣，当时你在想什么呢？”也许对方昨天刚和妻子大吵了一架，妻子正好嫌弃他是一个不那么有趣的人。这句话就会戳中他敏感的神经。在需要就对方的一些错误提问时，最好采取一对一的聊天方式，然后谨慎地选择词语。

• **统一**。在生活和工作的交流中，人们都会有无数相冲突的想法、争论，这是既自然又健康的。但是不要忘了，最终我们要拿出的是“一个”方案，形成的是一个统一的认识，至少你要自始至终坚持同一种出发点，不能随意变换思路，甚至出现短短几句话前后逻辑不一的情况。

提问时一定要用连贯的表达说明自己的观点，并且努力让其他人都充分理解你的意思，不要前后不一。在正式的沟通中要坚持的一项原则是，我们对话的最终目标就是形成一个统一的方案，而不是扩大分歧。

精准判断对方的意图

◆◇

• **要学会“听”**。一定要认真倾听，带着诚意去听，这样才能捕捉到对方说话的关键词，第一时间了解到别人的意图。不会听的人，一定不会说；倾听时经常走神的人，往往也不擅长提问。倾听时还要根据当时的情境来分析、判断对方的真实意图，这样才能积极应对。因为倾听是最基本的尊重，在倾听的过程中你能感知对方一些细微的情绪并及时做出回应。

• **要学会“说”**。聊天是一种口语交际，是在特定环境里产生的语言包括情感的活动。因此，除了学会听以外，还要学会说——提问、表达甚至追问的技巧，以主动的姿态投入到交际的情境之中，和对方深度交流。

在“听”和“说”的交流过程中，要通过举例子、展示数据、关键词重复等方式锻炼、提高自己理解对方用意、传达自己目的的能力，力求语言生动，感情充沛，态度真诚。另外，在“听”与“说”的结合中，还可以通过辩论、互动、总结等方法来验证自己的沟通水平。通过一定时间的训练，你就可以准确、流畅、完整地表达自己的观点，在交流中给对方留下正面的印象，做到提问有依据、回答有内容，成为一个沟通能力很强的人。

- **注意对方模糊的用词。**假如一个人刻意误导你，他不但会下意识地转移对话的焦点，还会在用词上尽可能使用指向模糊的词句，比如“可能”“也许”“大家都这么说”“应该是这样”等。如果一个人频繁地用这类词语向你解释或承诺一些事情，你就要注意了——他很可能在误导你，或者是在撒谎。

当人们对问题的答案不确定时，他反而会尽可能避免负面和消极的态度，努力让你觉得这个问题的答案是确定的。因为负面和消极的态度总会引起不必要的关注，触及他所知的真相。所以，你可以找出对方表达的内容中那些模糊的用词，把它们串联起来，就会听出他真正想说的内容。需要注意的一点是，要果断把他的模糊的用词摘出来，越早提问越好，让他以最快的速度解释，你就能尽快掌握主动权。

- **说服而非传达。**最后要留意的是，一些人说话时采用的语句并非是在跟你沟通，也不是在传达信息，而是在试图说服你，不准备尊重你的意见。这是属于比较强势和积极的对话风格，总是能和他们本人的性格、现实需求紧密联系起来。如果你发现对方在讲话时有下面这些关键的用语，真实情况很可能不像他讲的那样——你可以朝着相反的方向推测到另一种答案，不需要提出问题就能看到他在想什么。

第一，品格证词。为了证明自己的正确、无辜或其他方面的可信度，有人会主动以自己的品格作为阐述的证据，通过和名誉有关的关键词来替自己脱罪，塑造一种正面的形象。

例如：

“拜托，我是劳动模范，怎么会偷东西？”

“作为一名三八红旗手，我怎么可能骗人？”

……

对方越是使用品格证词时，你越应该怀疑他表达的真实性。几年前我见过一个人，他是埃克森美孚公司的业务谈判代表，最喜欢挂在嘴边的一句话就是：“相信我，我以自己20年的名声作保，给你的价格是最便宜的。”凭此他说服了许多汽车润滑油批发商，但实质上他的价格并不便宜，后来找他合作的批发商越来越少。他一开口说话，大家就知道他要说什么，所以现在相信他的人不多了。

第二，玩弄概念。一些人擅长调包问题，使人转移关注点，分散注意力，从重要的A跳到次要的B上，忘掉自己真正在乎的重点问题。这个过程也是使用特定的关键词完成的，也叫作偷换概念或玩弄概念。

在一些辩论式的对话中，你要格外警惕，因为对方一有机会就会这么做。比如，他们会把“股票下跌”说成“短期调整”，把“惨痛的失败”说成“有益的教训”等，故意模糊事情的性质。当对方在玩弄概念和转移话题时，你需要提高警觉，听取对方话语中的关键词，揣摩他的意图，然后采取适当的策略，捍卫自身的权益。

第三，预支承诺。在充满压力或者潜在冲突的情境中，对方为了让你尽快做出决定，或者相信他的说辞，经常用许诺式的用词平息你的疑虑，满足你的想象，转移问题的焦点。比如，他会说："很快就能完成任务了。""不用担心，一定可以实现。""下个月我将批给你足够的经费。"当眼下有一个冲突你们无法达成共识时，以及你对他的某些行为提出批评时，对方就可能用这种回答安抚你的情绪。此时，你要考虑的是怎样让他现在兑现昨天的承诺。

第四，过分修饰。每个人的潜意识中都会有一种补偿机制，他们知道自己的说辞在现实上的支持度是远远不够的。为了说服你，就会在关键字词的使用上大做文章，夸大一些东西，并且刻意讲得惟妙惟肖，从而达到让你相信的目的。比如："你知道吗？某某某上月也是这么操作的，净赚30万！"事实上，为了说服你让他管理家庭的理财金，你的丈夫甚至愿意用"300万"的夸张形容来虚张声势。

第五，多变的情绪。在不同的情境中，人的情绪也具有不同的含义。对话的高手擅长用情绪的变化来逼迫另一个人就范，在快乐的情境中忧伤，在平静的氛围中愤怒，以突兀的情绪变化来让你不敢对他再有进一步的质疑。如何分辨这种情况？你只需要坚持一个标准——在正常的情况下，任何情绪的发生都需要一定的时间酝酿，不是可以那么快产生和爆发的。

所以，凡是过快和过强的愤怒、忧伤等情绪的变化，绝大多数都有明显的目的性。对方或是企图转移问题的焦点，或是企图引发紧张而让人无法思考。面对这种情况，你可以用提问的方式要求他重复之前的问题，或将你刚才的疑问再说一次，防止他转移你的注意力。

第六章

批判性提问，用攻击性提问打破僵局

表述你的强烈疑问，并要求答案

◆◇

在讲座中，哈莱尔提出了两个问题让听众思考：

1. 在高难度的对话中，为何“望、闻、问、切”的能力如此重要？
2. 如果在对话中你不能提出自己的疑问，结果会怎样？

答案是：

1. 拥有“望、闻、问、切”的能力之后，就不再只是专注于自己要说什么，而是能看到对方的反应，从对方的表达中看懂他没有说出口的真实意图。

2. 当你从不提出疑问时，沟通便成了在你身上绕绳子。每个问题都是一圈绳子，直到最后你根本解不开它们。

哈莱尔因此建议，一定要学会批判性提问，以这种方式达到分辨和洞察对方心思的目的。从听到一个人的说法，到洞悉一个人的内心，并且从中筛选出不一致或需要再确认的信息，以批判性的思维提出自己的疑问，和他深入探讨，才能问出关键性的东西。

在高难度的对话中，我认为观察力很重要的原因是眼见不一定为实。所以必须敢于怀疑一切：他讲得对不对？你不要先觉得有道理，要先假定他讲得没有道理，然后反向推理看一看，提出相反的问题让他回答。从他的答案中，提取出所有的信息，做出正确的决策，让对话能够圆满落幕。

• **不注意视盲**。在心理学领域有一种“不注意视盲”的现象，它很普遍地发生在每个人的身上，但隐蔽而难以察觉。意思是说，当人的注意力集中在某一件事物上时，就会自行关闭对其他信息的探测，特别是预期之外的事物更容易被他所忽视。当你相信一个人时，很可能就会对他说谎的细节或征兆不加以注意，刻意地忽视那些信息。这时，“批判”是你所拒绝的，因为你对他完全信任。

这是人在心理运作层面的盲点，体现在沟通上则会让我们在特定的时刻或情境中变得有些天真。

“他解释了这件事，我相信。”

“他的理由我接受，其他相反的信息我就自动屏蔽。”

“他的想法我支持，因此他相关的证据就是对的。”

从心理活动到语言表态，“不注意视盲”发生时人们习惯的做法不是疑问、反问和拒绝，而是顺从，在沟通和行动中都处于无条件的从属地位。不过，只要事先被提醒就可以被预防，要有足够的理性逻辑，看到对方观点的漏洞，然后捍卫自己内心的原则。

对任何行为的解释都只是一种心理层面的倾向，而非客观存在的事实。因此在开始观察时，保持开放、好奇的心态是很重要的，否则你就容易执迷于一个小信息而忽略信息的来龙去脉，听信一个简单的观点而不去探究背后的逻辑，或者收集证据。

多年来，我们的实验也发现，一个对人性保持过度积极态度的人，他在探测谎言方面的能力相对较差。他不会常常怀疑别人，因而总是不能提出重要的疑问，获知事情的本质。

• **充分利用“抗拒反应”**。对于损害和有违自身的利益、立场与价值观的要求，人们都会产生本能的抗拒。有时抗拒会体现在表情、语言和行为上，有时仅会隐藏在心中。实施批判性提问，就要释放自己的抗拒反应机制，给予对方充分的抗拒反应——表达你的强烈疑问，否定对方的观点。

比如：“我不同意你的观点。”“我拒绝你的要求。”“我对你的见解有不同的看法。”

这时你要注意和把握三个重要的“观察点”：

第一，对方的表情与情绪反应。“第一反应”经常可以传递出真实的信息，你能从他的惊诧、震惊甚至恼怒的瞬间表情中捕捉到被隐藏的问题。

第二，对方如何安抚你。看他怎样解答你的疑问，回应你提出的问题。这时候态度不重要，理由才是我们应该重视的。

第三，对方的抗拒。面对强烈的质疑，有时会爆发争吵，他可能抗拒你的质疑。这时把握好尺度，辨别他的逻辑性与后续沟通中暴露出来的破绽。

莱恩太太的邻居喜欢占便宜，时常到她家借东西，但又“忘了归还”。莱恩太太脾气好，每次都不说什么，态度友好地借给对方。可一年后实在忍不了了，便质问邻居：“你家是不是有个专门放东西的仓库？”对方震惊之情溢于言表，停滞10秒没有说话，最后才说：“没有。”然后转身走了，又过了几分钟，邻居把拿走的所有东西都归还了回来。

如果不敢于提出批判性的问题，莱恩太太的生活还将窝囊地继续下去。当她勇敢地质问时，已经从对方的脸上看到了结果。这说明，所有的问题都可以通过提问解决，不管之前你有多么被动。

第一，让“受支配的压力”成为“转变态势”的助力。我们所有的沟通讨论，都是为了确认目前的“位置”：你是受支配，还是支配别人？有了明确的坐标之后，才能够规划接下来前进的路线。所以，如何精准又有效率地切中要害，改变自己的位置，是你应该关心的事情。

当你察觉到自己是一个习惯性的“受支配者”时，要善用（积极引导）这种压力。压力不是坏事，在和强势者面对面沟通时，多数人都有受支配的压力，自我限制了提出批判的权限。不是你无法赢得主动，而是你没有勇气这么做。要将“受支配的压力”向外释放，寻找良机、抓住对方的漏洞展开反击。

第二，以具体事实为基础，提出高明的反问。迈出第一步，后面的事情就会顺利许多。一个好的提问、总结并不是凭空而来，它需要建立在许多具体事实的基础之上。所以，我们需要做好的一件事情就是：以具体事实为基础，提出高明的问题，直指对方的要害。只有提出了真实而重要的问题，批判才是有力的。

批判时要坚持自我原则

◆◇

我们不需要讨好任何人，只是需要先问一问自己："我怎么做才能安心？"这一原则适用于重大场合——当你充当一个裁判者却受支配而且有屈从的压力时，不要退缩得太靠后了，因为你需要坚持的原则就在你身后不到一米的地方。

假如这原则是30层楼高的露台上唯一的栏杆——就在你的背后，这时，你还有后退的机会吗？要向前走一步，提出问题，捍卫原则，并得到一个客观的答案。

居住在伯克利的互联网社交学家蒙塔诺说："沟通时面对压力便步步后退的人，他们天生缺乏批判的勇气，不擅长质疑别人。如果你加以留意，会发现他们抗拒当面沟通，而是喜欢使用电脑或手机聊天工具，这样让他们感觉安全，也比当面更有勇气提出问题。不过即便如此，他们在质疑一个人时也需较长时间做出决定。就这类人而言，守护原则从来都是一个艰难的任务。”

有些人，一遇到言语冲突时就直接“威胁”诉诸法律或某些规定，意图用规则的惩罚吓退对方。表面上看起来，这是强势的表现。实际上，正是他缺乏沟通原则的体现，也是一种懦弱和推卸原则的行为。如果他懂得提出问题，就有机会既解决纠纷，又能照顾到对方的心理感受，维护原有的平衡。

蒙塔诺这几年收集了几千份沟通失败的案例，他发现越是善于聊天、在沟通中解决问题的人，就越擅长提出高明的问题。他们聪明地捍卫原则，在该跨出一步时既能够气势凛然，又不使对方过于难堪。这是一种巧妙的平衡。

“想一想你的沟通原则是什么，难道不是以最小的成本解决问题吗？”他说，“但许多人或组织现今的症结就是一味追求态度而不在意手段，不是退无可退，就是两败俱伤。我们做任何的决策都需要依靠整体的状况做配套处理。假如你能在一开始就对错误的沟通行为说‘不’，就不会有后面一系列的麻烦。”

• **没有标准答案，但有既定原则**。有人说：“关于人生这项命题，从来就没有标准答案。”对沟通来说这是一个坏消息，意味着你不能要求唯一的答案；但同时也是一个好消息，说明你完全可以从自己的角度诠释观点，表达立场。

不过，即使有不限答案的问题，我们仍然有自己固定的原则，这是区分诡辩与真诚沟通的一个标准——答案可能有许多种，可有些原则恒定不变。

在一起撞车引发的杀人案件中，公司的同事讨论纷纷，争执不停。

同事A：“凶手固然犯了杀人罪，但他学习成绩好，前途光明，死者仅是一个超市收银员，为何要耽误凶手的人生呢？”

同事B气得说不话来：“你这是强词夺理！”

同事A：“可我讲得有道理，社会就是如此，推动社会发展的从来都是精英，不是底层。保护精英的人生，就是在保护社会的发展。”

这时同事C走过来，问A：“如果是一名比你优秀的社会精英开车撞伤你，又下车杀了你呢？你觉得很公平吗？”

对这个问题，同事A给不出合理的解释，或者说他此时想到的已经是另一种答案。这是一次成功的反问，从逻辑层面击倒对方，用推倒对方原则的方式，捍卫自己的原则，并且帮助人们看到问题的本质。

类似的对话我们总是形不成标准的答案，可是原则却是唯一的。比如撞车杀人的故事，不同立场的人有其既定的看法，并能在聊天时充分展示，这没有问题，但“无辜者无罪”的原则却是不容改变的。如果你能看到这样的原则，就能提出犀利的问题来施加压力，得到想要的结果。

批判性的提问不是为了说服对方，事实上这很难做到，而是为了逐渐培养属于自己的独立思考和判断的能力，活出自己的生命样貌，删去多余的杂音，看到并种下一些值得守护的信念。这不仅是为了加强沟通能力，更是在提升自己生命的质量。

- **如何认定“是非对错”？**别被“是非对错”绑架，要拆除心理的框架。仅盯着是非对错，你会失去问高质量问题的能力。

在批判性提问中，最重要的不是真相是什么，每个人所认定的世界都不一样，有重大或细微的差别。重要的是什么才是眼前“最需要处理”的问题，以及他隐瞒了哪些关键信息。提出相应的疑问，不是逼迫他必须做点什么，而是为了慢慢改善这些问题。

在这个世界上，“是非对错”很重要，却不是解决问题所需要的。当环境现状还不足以支撑你从根本上解决问题（守护是非的观念和某些道德）之前，你却执意如此，就很容易变成另一种“逃避”——现实中许多人都在用过高的道德观来帮助自己逃避应负的责任，好像不完美的环境就不能待下去，不完美的条件自己就绝不行动。他们觉得非要达到什么样的标准不可，因此失去了在适度的妥协中去建设原则的机会。那么面对这种情况我们该如何去做呢?

第一，找到问题的症结所在。我们可以用心找到问题的症结所在，针对问题的症结提出你的疑问，但不需要坚持恢复事物本来的面貌。这是一种柔和的态度，意在让对方清楚地意识到你的立场。提出疑问是为了创造一个新的可能性，和对方一起看透问题的本质，面向新的开始。这比修补原来的破洞，争论“谁是谁非”更重要。

第二，守护基本原则，并对解决问题抱有信心。在有争议的对话中，重要的不是把问题彻底解决，而是让彼此对解决问题有充足的信心。信心是建立在基本原则的基础上的，对于底线不要退让半步。当你相信自己有能力，并可以坚持原则处理时，你对未来就会抱有美好的希望，这能提升你在沟通中的勇气，帮你渡过许多难关。

用“有条件的逼问”打破僵局

◆◇

在长期的审讯工作中，玛丽逐渐把审讯当成了一种特别的对话。“坐在我面前的是聊天对象，也是博弈的对手。”她说，“他们经常战术性的沉默，有意地不正面回答问题。沉默是他们的权利，有时候我们不能动用暴力，因为这会使情况变得更糟。”

面对一个高明而意志强大的沉默的对话者，玛丽的策略是给出自己的“交换条件”——如果你开口，我有一些东西跟你交换；但你必须开口，因为我的条件是你不能拒绝的。“交换条件”总是一些跟对方的核心利益关系紧密的东西，或者是他极为关心的人和事情，这能让一个人方寸大乱，至少阵地不再牢固。

有一次，玛丽这样问嫌疑犯：“你有多久没跟阿卜杜丽通电话了？”嫌疑犯的脸色登时变了。阿卜杜丽是他的私生女，远在南美，并藏在一个隐蔽的地方，连他至亲好友中的很多人都不知道。

玛丽说："几分钟后，嫌疑犯就供出了另一名同伙的名字，并且主动交待了许多相关的重要信息。"

玛丽的这种问话就是有条件的逼问，只要运用得当，其效果就是显而易见的。

• **适当制造冲突**。在实施"有条件的逼问"时，适当制造冲突也是一种有效的方法。冲突不一定会导致危机，但人们对其进行回应的方式却会决定它的走向。当你有能力处理那些难度较大的对话、面对一些不喜欢开口的聊天对象时，就不要害怕冲突，因为轻微的冲突往往能逼出真正的问题。

住在洛杉矶西部的邦尼太太恨透了丈夫，她认为丈夫对自己长期地、习惯性地撒谎，自己什么也问不出来。但她一时之间没有好主意。去请教邻居，邻居告诉她一个办法，当丈夫再次撒谎时，她就从厨房拿着杯子、碗或其他易碎的东西冲出来，使劲儿摔在地上，然后再提出自己的疑问："你能不能告诉我实话？"

3天后，邦尼太太的丈夫又一次对自己晚归的理由含糊其词，说了一个听起来十分搞笑的理由，就连几岁小孩也不会相信。邦尼太太立刻冲进厨房，抱了一堆瓷器冲出来在丈夫面前摔得粉碎。还没等她开口，丈夫就全招了。后来，丈夫再没有在关键问题上撒过谎。奇妙的是，夫妻关系比过去更好了，这位丈夫对邦尼太太开始另眼相看。

培养制造并处理冲突的能力，反而能让我们的人际关系升温，这是由人的心理结构决定的。因为冲突可以被定义成一种帮助你找到问题症结的快捷方式，从冲突中你能看到对方的弱点、隐瞒的东西以及你们之间最要命的问题。当然，要视情况而定，最重要的是保证安全，不可以暴制暴。

由于社会化对人的理性要求，每个人的脸上都戴着一张经过包装的面具，这有时会让我们要求自己维持某一种形象，比如不轻意和人发生言语冲突，“克制”与“礼貌”成了一种社会性的要求。体现在对话中，当他觉得愤怒时只会表现出一丁点儿的不快：“哦，是吗？”

“你说行就行吧，我能有什么意见。”诸如此类。但是，如果你不懂得对人施加压力，这张面具可能会害了你。因为你永远得不到真实的答案，除非对方愿意告诉你。你得通过一点儿情绪的张力和外在的刺激，并主动向前一步来表达出你真正的心意：“你必须告诉我真相，否则……”“我不欣赏你的态度。”“假如你愿意开口，我可以……”激烈的情绪仅是手段，我们要处理的是隐藏在情绪背后的需要。两个人的关系若要往前迈进，能不能经得起冲突是很重要的转折点。这就是制造冲突的必要性，适当的冲突可以考验对方的真实态度，看看他会告诉你什么，帮助你做出一个“不一样的判断”。

- **由浅入深推动提问。**慢慢来，反而比较快。这是我的对话经验。对于高难度的提问——当对方有所隐瞒、沉默应对、采取回避的技巧时，不要急于说出你的问题，而是尝试由浅入深，步步为营地推动你的提问。

沟通中，一个错误的判断之所以会产生，一定是彼此的认知、理解和判断有了巨大的出入，最后才会产生误会。如果要彻底处理，我们就得从源头入手，通过沟通、澄清，把脉络整理清楚后，才能找到方法，否则会事倍功半。

玛丽的经验是："不要小看任何一个人，哪怕他是微不足道的。每个人都有丰富的内心，有他自成一体的坚固的逻辑之门，推开那道门需要技术，更需要耐心。"

同时你也得承认，我们的批判、质疑或逼问有时是错误的。你"以为的对"也许是一个假象。这就要求我们在提问时保持最基本的谨慎态度，因为任何一件事都可能发生在生命中。你提出了一个问题，就要担负起相应的责任。

采用攻击性提问的最佳时机

◆◇

在“对话”项目中，多明戈提到了人在情绪波动时的攻击性。他让两个人按照剧本演示一场精心设计的对话，A不断地说谎，B不停地追问。剧本设计的是一次公司的危机处理：某个重要业务搞砸了，部门经理A向副总裁B汇报工作时，将责任推卸给了管理部门，并举出了一长串的数据来证明这件事就是管理部门的责任。

“前面一部分的台词是我们写好的，但后面我们开始允许参与者自由发挥，当他们进入角色时，剧本一片空白，他们要按照自己的想法完成这次对话。”多明戈介绍说，“这时人的情绪就会对对话结果产生明显的影响。B发怒了，他挑衅地问A：‘如果所有的错误都是上司的或者是下属的，从来都不是你的，那么我留你何用呢？’这种提问的攻击性是不言而喻的，它反映了人在常规手段无效时做出的过激的、本能的反应。”

攻击性的提问在大多数场合中，对沟通的作用是负面的，它会将对方激怒，然后双方陷入无逻辑性的互相诘问之中——谁也不会承认错误，哪怕心知肚明自己是有问题的，沟通的首要目的变成了“证明对方有错”。

不过，在具体的情境中，攻击性的提问却自有其用途，比如我们面对一个犯下严重错误、隐瞒重大事实的顽固派时。首先，在指责他之前要先看清自己，确定自己的理由和证据是充分的：其次，采取攻击性的提问也要讲究技巧，察言观色，在恰当的时机巧妙运用情绪激动的力量，便极有可能收到奇效。

生活中一直有两种人。第一种人是理性的人，他们习惯于像泡茶一样保持耐心，运用隐蔽和高明的策略操控对话者的心智（我们在下一章会讲到这类惯于操控心智的对话者）；第二种人是觉得麻烦或者不公平，认为别人对自己存有不良意图，或者正常的讨论流程太烦琐了，从而转身再去寻求更多工具性的能力，比如进行攻击性的提问，希望一举打破对方的心理防线。他认为只要把自己的谈判、表达、说服的能力与情绪的工具结合起来，就能够对付所有人。

对第二种人来说，操控沟通对象的心智是难以做到的，他们也不感兴趣。这样的人在处理有难度的对话时的出发点是一种竞争和博弈的态度,因此他们很容易把意见分歧的对话变成真正的冲突。这类人真正的问题在于无法与“不舒服的情绪”和解。当他们不能接纳自己的情绪时，就很难平和地聊下去。平时我们在聊天场合和会议室见到的那些突然发脾气、摔东西、怒喷其他人的人，就属于这种情形。

对话中人和人最大的鸿沟是“你想的”“你说出口的”“对方听到的”经常是差距很大的三件事。我们常常以为说清楚了，实际上对方收到的信息却是破碎的、不完整的、有分歧的，或者有误解的。换成你也是这样。因此，双方很容易发生冲突，提出具有攻击性的问题，并展开极富攻击性的对话。

每当这种时候，你就会察觉到操控一个人的心智是如此艰难。由于你无法操控别人的心智，所以只好回过头检查自己传达的信息——这是我对大多数人的建议，不要急于祭出情绪武器，提出以负面情绪为主导的问题。在几乎所有的对话场景中，以负面情绪为主导的问题都是一个开战的信号。

假如不得不提出一个攻击性问题，我们应该怎么做?

很多人做计划、构想时有一万种方法，但回到真实的场景时都会有一个深刻的感悟：我为什么又犯错了？特别是在发脾气时，冲动之下就将之前的自我叮嘱抛诸脑后，说出许多令对方火冒三丈的语言，其中，指责性意味浓厚的“你”频繁出现在人们的攻击性提问中：

“你为什么不听我的？”

“你给我的资料全是假的，什么原因？”

“你是不是想联合那个家伙对付我？”

“你是要开除我吗？”

“你有什么隐瞒我的吗？”

句型是以“你”“你以为”“你这个人”等开头的提问，总是带有强烈的挑衅意味，攻击性十足。这种句式的背后，就是我们先前讲到的，是阻碍我们实现高明的批判性提问的陷阱——很容易将批判升级为斗气，将以解决问题为目的的批评转变为人身攻击。

如果不以“你”开头，我们该说些什么？第一个措施是，将“你”换成“我”：

“我感觉你忽视了我的想法，想听听你的解释可以吗？”

“我发现有些资料不真实，是什么原因？”

“我从你和同事的一些行为中感受到了敌意，是我哪些地方做得不对吗？”

“我觉得您要解雇我，是吗？”

“我认为信息不完整，是否有一些必要的信息尚未告诉我？”

采取“我”开头的句式的最大好处是，既提出了攻击性的问题，同时又给了对方解释的空间和回旋的余地，因为问题本身仅是从“我”的角度“感觉”到的，并不一定真实。相反，如果以“你”开头，等于直接告诉对方——这件事就是你不对，我已经认定了！这是宣战式的提问。

第二个措施是，克制一下自己的不良情绪，让攻击性的提问只反应出我们60%的情绪，而不是全部。例如：“我认为他是来找我麻烦的，但我只会问一问他我是否有哪些地方做得不好，才给他造成了一种错觉。”前者的情绪量级是90分，没有沟通空间；后者则是50分，有充分的沟通余地。

沟通出现问题时，很大程度上是因为我们双方的情绪已经失控，所以看不到真相，意识不到对方的真实意图；也可能是由于你太害怕，所以无法说出“该说的话”，问出“该问的问题”；更重要的是，人类是典型的情绪与理性复杂交融的动物：有时委曲求全，有时又会突然发作，这给重要的对话造成了较大的难度。

批判性提问的技巧

◆◇

在本章的最后，我们要总结一下批判性思维与提问的关系——如何运用批判性思维提出犀利和富有穿透力的问题，突破交流的重重障碍，直达目的。

打个比方，在阅读一篇文章并且想要做出评价时，我们首先要弄明白以下两个问题：这篇文章讲的主题是什么？它给出了什么结论？我们总要搞清楚这两点才能评价这本书。运用这一标准去衡量人与人之间的对话，我们就要弄明白对方说一句话的主题和他试图表达的结论，然后，你会发现交流起来是非常轻松的，因为你完全清楚对方在干什么和想干什么。

人们在对话中表达时的主题分为两种：

第一，描述性的主题：针对一个事物、人或组织的描述。比如：

“引起世界大战的原因是什么？”“美国第六任总统是谁？”“全球经济去年出现了什么问题？”

第二，说明性的主题：针对一个问题、做法或计划的说明，告知对方下一步应该做什么，或正在做什么。比如：“公司下一季度的营销策略是什么？”“面对高房价我们应该做什么？”

对于这两种主题的表达，提问的方式也略有区别。当你对描述性主题进行批判性提问时，应该拿出绝对可靠的数据（证据），否则很容易被对方基于大量资料所形成的论据击倒；而对说明性主题来说，你要针对问题的本质、不同的认知和行动、计划的可靠性进行质疑，这时考验你的是想象力、视野，以及对于事物的认知、对于未来的判断能力。

• **不要轻信，不要轻信**！开口之前，克服三个人际交流时的普遍弊端：

第一，偏信和轻信。进行10秒钟思维静止训练，对任何信息都不要急于给出对或错、接受或不接受的意见，要注重质疑和反思。这么做是为了让自己恢复独立思考，不被他人的观点或者提供的信息误导，对特定的事物、问题做出错误的批判。

第二，轻易下结论。许多人生活中习惯轻易下结论，有时，对一件事还没有了解清楚便做出了最后的结论，很少注重过程的分析和论证。于是，沟通和表达时更多的行为只是单纯地表达立场和发泄情绪。为了克服这个弊端，我们需要的是多方了解信息，并完整分析事物的来龙去脉，看清楚了再表态。

第三，逻辑力差。谈话或发表观点时，你会看到一个人在同一次表态中前后矛盾的地方很多，这是因为他们逻辑力差。在可能的条件下，要寻求提升逻辑力的办法，比如对数学等发生兴趣。

• **勇气是最大的技巧，永远都是。**开口提问的勇气永远都是不可或缺的最宝贵的品质，也是所有的沟通技巧中排在第一位的。什么是批判性思维？首要的因素是你必须敢于批判，其次才是如何批判。其中包括：提出一系列相关的质疑性问题的意识，时机的把握和提问的能力、勇气等。

对一个思想更开放和包容的人来说，他乐意去改变自己的观点，只要能够获得更好的答案。但现实中这样的人是很少的，极少有人愿意放弃自己原有的观点。因此，你遇到的绝大多数沟通对象都将是有其顽固立场、不愿通融的。如果没有勇气，你做不到将批判性提问坚持下去，你也不可能跟这么多人战斗。

锻炼勇气的一个有效方式是，有意识地在所看、所听到的内容（包括演讲、谈判、聊天、书籍、文章等）中迅速找到他们的论题和结论，区分开他们的问题和目的，将证据从中剥离出来。在阅读和倾听的过程中，同时展开质疑推理：

这个人的论据是否科学、可靠、严谨并具有逻辑性？这个人的观点是否存在有意无意间遗漏的重要信息？

最后，对他的讲述内容、观点和论证过程做出你的评价，提出一个客观的问题。即使是批判，它也应该是客观的，不能随口即来。

• **避免个人价值观对你的主观影响。**价值观为人的行为设立一个标准，就像电脑的驱动和汽车的设计条规，并且通过这些标准来衡量行为的质量。人人都有其内在的价值观，即便你没有上过一天学，你的价值观仍然存在于你的思想中，影响着你的行为。

也就是说，我们每个人所做的决定、所说的话都含有自己的“个人印记”（包括经验、价值观和文化的习惯等）。与自己的“个人印记”不同的观点，我们就会把它看作一种“攻击性”的挑战。无论书面还是口头沟通，这都可能引发对抗。

要想避免无谓的对抗，使批判性提问尽可能沿着客观、理性的轨道进行，就不要因为价值观的不同而刻意去降低其他价值观的重要性——现实中我们很多人都在这么做。同时，我们也要在阅读和沟通过程中对于对方的价值观有所了解，并尊重他们的选择。

场景1：不同的价值观破坏了对话

得克萨斯州西部，山姆背着猎枪走进一家酒馆，坐到一个人旁边。这个人也是白人，但他在看一篇支持某人当选总统的专栏文章。

山姆：“你认为此人怎么样？”

那人：“我觉得他不错，是个好人。”

山姆摸了摸自己的枪筒：“哦，你不准备离开这家酒馆吗？”

那人走出酒馆，打电话报警。

场景2：超越价值观的理性对话

一名女权主义者A在一次集会上遇到了一名反女权主义者B，两人差点厮打起来，但1分钟后，两人决定坐下来谈一谈。

A：“你是一名歧视女性的男人吗？”

B：“当然不是，但我反对女权主义。”

A：“为什么，难道女人不该争取自己的权利？”

B：“不，我认为男女平等，谁都不能凌驾于对方之上。”

A：“我和你观点略有不同，但我尊重你的看法。”

就这样，两人互留邮箱，这场讨论持续了7个月，直到有一方认为对方不能再提供有益于自己的答案为止。

• **排除干扰性因素，虽然很难。**对话时的“干扰性因素”总是无处不在。比如，你在针对一个具体的问题提出批评时总会想到这个人其他方面给你留下的负面印象。于是，对事不对人的批判性提问就变成了“对事又对人”，讨论的氛围顿时就变得诡异起来。

李维文说：“从人性的角度看这是合理的，且能作为一种人际交流中已知和普遍的现象是如何发生的解释。但我们做的是尝试寻找那些干扰性的原因，并尽量避开它们。”

这当然很困难。就如同《自私的基因》一书中说的：人类从基因层面就注入了自私的成分，无法从根本上改变。不过，本书所讲到的批判性的思维方式和沟通提问的技巧，完全可以超越这一层面，从事务性的角度（聚焦于具体的事件进行批判）绕开人性的陷阱。

第一，先学会如何提出一个好问题——能够解决分歧的问题，而不是简单否定对方的问题。

第二，练习批判的技巧——怎样批判才能维持正常的沟通氛围，而不是双方大吵一架。

第三，保持谦虚和怀疑的态度——对于新的领域永远保持兴趣和求知欲，以谦虚和怀疑的态度对待新生事物。

我相信很多人在对本书的阅读中都能对这些技巧有所应用，它们广泛发生在我们的生活、工作或其他领域的沟通中。你需要从具体的方面详细了解有关批判性提问的好处，练习去解决问题，而不是制造更多的批评。为了排除那些干扰性的因素，你还要强化自己的注意力，拥有足够的专注度和定力来展开一对一的对话，把焦点定位于具体的事件上，不要对一个人在“人格”层面指手画脚。

本章还会带来另外的一个收获，就是让我们意识到自己在过去的对话和其他经历中所存在的提问技巧的局限性——很多时候，我们所做的思考和所提的问题都是在潜意识下做出的本能的反应，是完全情绪化的行为，没有具体的意识去主动进行批判性的思考，并提出有针对性的、方向正确的问题。假如你能有意识地锻炼这种提问的思维，就可以从“知道是什么”到“探寻为什么”进行转变。

第七章

诱导式提问，让对方多作肯定的回答

抛出“试探性”观点

◆◇

为优质沟通提供另外一种可行工具的是“引导式对话”，即有意识地抛出“试探性”观点，引出对方的想法，进行有目标的提问。高明的对话者善于用这种谈话技巧，提出诱导性的问题，来得到自己想要的答案。

第一位运用“引导式对话”的是日本知名学者大石良子。她将引导对话运用在日本教育现场中，并取得了显著效果。大石良子在她的著作《改变孩子一生的对话力》一书中指出：比起一味告诉孩子应该怎么做，在和孩子对话中，向孩子发出思考后才能回答的具体提问，对孩子的成长更有帮助。

换句话说，在交流中，先接纳孩子的想法，再引导孩子思考下列问题：

“为什么是这样？”

“我到底想得到的是什么？”

“我应该如何做？”

“我到底想成为什么样的人？”

然后，再根据这些具体的目标，让孩子独立思考、选择和决定具体应该采取怎样的态度。

同样，对于成人间的对话，诱导和试探的作用仍然是巨大的。成人和孩子一样，有时对于问题并没有做到真正“全视野”的认知。或许他知道一些东西，但大脑没有意识到它们。如果你能给予针对性的提问，就能开启更深入的沟通。

在这种对话中，“试探性观点”具有启发和诱导意义——通过一种“旁敲侧击”的柔性方式，引导出对方真正的想法，从而实现我们对于谈话目标的期待，获知真实的答案。

玛丽作为一位经验丰富的审讯专家，“栽”在她手里的的曾经不肯吐口的嫌疑犯数不胜数。“她总有办法撬开他们的嘴，即使再狡猾的嫌疑犯，面对她时也会不由自主地泄露那些隐藏极深的关键秘密。”联邦调查局的同事赞叹说。

在审讯时，玛丽更多的是引导式的对话而非主导或逼压式的对话。在给新人上课时，她不止一次讲：

“要学会操纵对话。在操纵式的环境中，每个人都有机会开口说话，并且要学会克制自己的穷追不舍，学会人性化引导，让对方多说一些，这样自己就能多听一些，多吸收一些信息。然后，在聆听的基础上，下意识地将他人的思路和交流话题引导到自己想要了解的方向，抓住时机提问，最终得到自己想要的信息。”

在与嫌疑犯的交流中，玛丽会下意识将话题引向自己想要的答案。在通往答案的这条小径上，她设置了一些诱导性的机关，只要嫌疑犯触碰到机关，回答了一些看似不经意的、与案件无关的问题，就会掉进她精心设置的陷阱里。这些机关组合拼接起来，就是一条完整的信息链。

“你可能会担心供出主要犯罪嫌疑人是不够义气的行为，不过，如果主要犯罪嫌疑人继续在外犯案，等我们抓住他的时候，他所遭受的处罚将远大于现在。我们已经掌握了他的全部犯罪证据，你难道希望他一错再错，犯下不可饶恕的罪过吗？”

最后，嫌疑犯听到玛丽这么说，不免担心起来，并在玛丽的一再试探下攻破心防，最终使玛丽得到一个想要的结果。

她以嫌疑犯与主要犯罪嫌疑人的良好关系为切入点去询问。率先抛出“试探性”观点，为嫌疑犯提供了一些可供选择的问题，以便在审讯中精确控制嫌疑犯的情绪，增加了提问的有效性。但是在使用这一技巧时要注意以下几点：

第一，设置试探性问题，需要与谈话对象的处境紧密结合起来。问题要符合对话者的身份，要能引发其对于当下处境的共鸣。

第二，与其提出一个惹人注意的试探性问题，不如将它拆成许多无足轻重的小问题。试探性问题需要经过精心的包装，就像一个又一个暗道和机关，这样才能降低对方回答的难度，让他逐步提供给你所有的信息。

第三，试探性问题为了最终的结果服务，因此最后必须向主题聚拢。所有的试探最终都要演化为一个真诚的正面提问，但这需要建立在你已经得到大部分信息的基础上。关键的提问并不是到此为止，事实上，它刚刚开始。

启发逆向的“共同思考”

◆◇

“倘若每个人思考的东西都一样，也不见得就是所有人都正确。”熟知尼尔“相反意见”理论和“逆向思考”方法的人，对于这句看似拗口的话一定不会感到困惑。如果你和别人的想法是一丝不差的，反而不太容易讨论出更为积极的结果，也不易进行创新性的对话。

这是因为，当人们按照常规想问题的思路看待某件事时，往往会受到经验的支配，不能准确地、客观地、全面地分析事物。而打破思维的墙，换一个角度看待事物，却往往会有新的发现。

• **对问题进行逆向的定位**。有时，同样一个问题，按照正常的思路，会收到不好的效果；但如果反着来，对问题进行逆向思考和表述，则会带来意想不到的收获。

一个年轻的和尚问住持大师：“师父，我可以在敲木鱼的时候抽根烟吗？”住持大师一听，立刻大声呵斥：“敲木鱼就认认真真敲木鱼，竟然还想着吸烟，真是胡闹。”

另外一个年轻的和尚也想在敲木鱼的时候抽烟，但他是这样问住持大师的：“师傅，我抽烟的时候，也想敲木鱼，可以吗？”住持大师这时却微笑着点头答应了。

两个和尚有着同样的愿望，但提问的方式不同，就收到了完全不同的反馈。前一个年轻和尚直接表达了自己的想法，结果得到了住持的一顿呵斥；另外一个和尚却从问题的反向进行了一次逆向的提问，结果就把一个“不可能实现”的想法变成了现实。

第一个和尚说自己“敲木鱼的时候想抽烟”，这其实引发了一次“差异思考”，对和尚来说是个正常的提议，但从住持大师的角度来讲，这就是不正经不认真的行为。他也绝对不会答应这样的请求。

第二个和尚说自己“抽烟的时候想敲木鱼”，这个提问从一开始就是站在住持大师的角度思考的。在住持大师看来，认真的和尚应该“干一切事情都想着敲木鱼”，而不是“敲木鱼时总想着干别的事情”，虽然两者的实质一样，但“心思”有很大的差别。这个聪明的和尚正是从逆向的角度启发了一次“共同思考”，让师傅认为自己敲木鱼很用心，于是就赢得了住持大师的欢心。

• **引发对话者的“头脑风暴”**。现实中，你会发现，在众人一同坐下来探讨解决问题的方法时，由于各种因素相互影响，人们的想法会变得不再客观——趋同于其他人的见解、产生动摇或向传统和众所周知、毫无新意的观点妥协——尤其是在一个权威的体系中，大多数人倾向于屈从权威或者另外大多数人的意见。

即便讨论变成了走形式，那也没有问题，也没有人提出异议。这样的屈从就形成了缺乏创新精神的群体思维或者趋同思维，不但削弱了整体的批判精神和创造效果，也不利于决策质量的提高。更重要的是，让沟通失去了应有的价值。

为了防止这种现象的发生，美国著名企业家、发明家亚历克斯·奥斯本（Alex Faickney Osborn）首创“头脑风暴法”——在很多场合我都提倡人们研究和学习奥斯本的方法。头脑风暴，又叫脑力激荡法或智力激励法。在展开“头脑风暴”的沟通方式时，通常借助会议的形式，众多与会者在会议中深入交流，就同一问题相互启发和激励，提出各自的看法和解决方案，从而激发更好的创意。

作为如今世界范围内最广泛、最普及的集体智力激励方法，它不仅可以最大程度上克服参与者的心理障碍，让他们剔除偏见，打破狭隘的观点，尽情提出自己的观点，激发无限的创造力，更可以让参与者感受到自己被重视，在讨论中能够创造性地解决问题。

李维文在《六度人脉》一书中写道：

“一个人思考的时代已经过去了。现在，工作成败的关键，取决于你是否建立了品质优良的人脉网为你提供信息、传递和增强价值。在建立优质人脉网的过程中，你必须让自己成为一个在沟通中富有创造力的人，要使人们愿意与你对话，因为你是聪慧的、创造力惊人的，也是能为大家打开新世界之门的人！”

在二十余年的公关和人际关系培训的职业生涯中，李维文发现，越是聊天时擅长逆向思考、提出一些新奇问题的人，他们的人际关系就越佳。因为对于共事者，这样的朋友是最优质的资源，他们能激活身边的人，释放每个人的潜能，一起实现更伟大的创造。

要想掌握“头脑风暴”的方法，你就要在对话时学会提出“可以激发大家共同思考、共同创造”的问题，而不是只为了达到自己的个人目的。你不要这样问：“这件事情你听从我的建议好吗？”而要这样问：“对这件事情我是这样想的……你呢？你一定有比我更好的想法对不对，说出来听听？”

然后，讨论将向深层次发展，你们互相提出问题，进一步论证各种想法。这看似浪费时间，却行之有效。俗话说：“三个臭皮匠顶个诸葛亮。”对话时的头脑风暴一旦引发，就会产生1+1 > 2的效果。大家的思想相互碰撞，产生的则是难以想象的灵感与创造的火焰。

挖掘深层次的问题

◆◇

我们经常在电视节目中看到记者对名人的访问，有些记者的提问常常令人感觉到很尴尬。不仅受访者不好回答，观众在旁边看着也感到恼火。那些十分“弱智”的提问，也是毫无必要的，因为都是一些附带答案的问题。

比如，某电视台娱乐节目的记者采访一位知名导演：“您觉得自己对这部电影付出如此大的精力，值得吗？”这就是一个非常没有水准的三流问题。那位导演只能黑着脸回答：“是的，值得！”然后匆匆地离开，不想听他问第二句。

其实，这位记者真正想问的问题是：“这部影片口碑很烂，特效很差，你怎么解释？”

这当然是一个不太友好的问题。但为了让提问与回答进行下去，实现高质量的访谈，他可以这样提问："听说您对这部影片付出了极大的心血，对于目前遭遇的口碑滑铁卢，您觉得问题出在哪里呢？"

这样的提问首先肯定了导演的付出，避免了带有指责意味的冒犯；其次，指出了目前确实存在的市场不佳的现象。既顺理成章地引出了自己想知道的问题，又把问题的交接棒递给了对方。

如果你的提问是优质的，导演通常会给出一些客观中肯的回答。比如影片的受众、市场定位、上映档期、观众口味、演员水平、资金投入，等等，这些都是影响一部影片口碑的深层次的问题。前提是你必须问对问题，也要问对方式。

假如在你的正确提问下，只是得到了一个片面的回答。比如导演说："可能是影片的受众面太窄，才影响到了票房的结果。"但这个答案并不是你想要的，这时你还想知道更深层次的内幕，例如营销策略是否出现了错误，则可以继续提问："听说这部影片的投资高达2亿，最大的投入是在哪一块儿呢？"

你得到的答案可能是从演员的薪酬和特效制作费用等几个方面来给出的回复。如果你对于特效制作的费用有一些疑问，可以接着问："据说影片的特效是请了国外知名团队打造的，但很多看过影片的网友评论特效的效果并非尽如人意，您对于这种评论是怎么看待的呢？有什么想对观众说的吗？"

只要提问得当，对方不存在故意避而不谈的可能性，提问的一方通常都会得到想要的答案。有时，对方的回答甚至会超过自己的预期。运用高质量的提问，步步诱导，从对方的回答中梳理出更深层次的问题，然后进一步地提问，与对方良性互动，这样的提问才是成功的。

• **设立提问主题，围绕主题展开细节追问。** 在对人进行提问时，必然要围绕一个核心的主题。因为主题可以保证提问的针对性和讨论的方向性。没有主题的交流往往会失之空泛，流于肤浅，变成没有意义的聊天，纯粹浪费时间。如果想获得有深度的答案，挖掘到深层次的信息，在提问前一定要设立一个明确的大方向，然后在整体方向的框架内深入探究细节，从对方口中打探有价值的信息。

假如你对股票基金等很感兴趣，想知道类似余额宝等现金管理工具如何才能盈利，有怎样的好处和弊端。那么，在谈话时，你的主要问题可能是这样的："作为中国最大的货币基金，余额宝理财有哪些好处？"

但是，这样来表达问题显得过于笼统。对方听到以后可能不知如何作答。所以，要把问题化整为零，分解出围绕主题的一些更具体、更容易讨论的分支，让人看到问题的具体指向。比如：

"余额宝可以直接用于购物、转账、缴费吗？"

"除了消费功能，余额宝如何赚取收益？"

"余额宝也算基金的一种吗？它是否也存在着基金风险呢？"

围绕自己设置的主题连续提出"小而具体"的问题，一方面将问题展开，利于被问者回答；另一方面也能从自己感兴趣的角度延伸下去，获得更多有用的信息。步步为营、层层深入的提问，也符合本章的主题：诱导和启发式的提问，可以为我们获取更好的答案，对于聊天的氛围也是强有力的帮助。

• **进行合理的追问。** 如果想特别深入地探讨某个概念、观点或事件，就不要提出太多的主要问题，而应针对某个主要问题深挖下去，从而去发现深层次的问题。

比如关于询问某起事件的前因后果。你就可以对这个主题进行详细的追问：

1. 事情是怎样发生的？
2. 关系到谁的利益？
3. 出现了怎样的问题？
4. 最后是怎么解决的？

这四个问题都属于合理的追问。擅长追问的人往往能够获取更多有深度的答案。但进行提问的时候，要注意不可对所有你感兴趣的事情都进行追问，试图打破砂锅问到底，否则我们的提问将失去焦点，耗尽回答者的耐心（许多问题是人们并不想回答的，他们未必愿意陪你玩这个问答游戏）。

在提问中，尤其要注意对那些令人困惑或不清楚的地方进行追问，这是我们提问的重点。因为那里面可能包含着你未曾想到过的观点，可以使你发现更深层次的问题，解答自己更多的困惑。

用环环相扣的发问追根溯源

◆◇

请想象一下，如果你面对一系列令你猝不及防的问题，你将会产生怎样的反应呢？是不是觉得这种沟通很棘手，很紧张，没有时间思考？甚至觉得对方是一个很厉害的人，由此产生“我不能轻易说谎”的感觉？

环环相扣的发问，往往能使人在应付了几个问题之后便变得难以招架，从而迅速暴露出逻辑上的漏洞。这样的提问可以帮助你掌握交谈的主动权，同时还能帮你对重要的问题追根溯源。连续不断地提问，或许并不能让你一下子就找到真相，但却能让你很快发现对方的破绽。

玛丽在给学员上课时，不止一次地表示，连珠炮似的提问技巧是一种打破僵局的高效的语言技巧，也许这是所有的传统手段中最为有效的一种，屡试不爽。每次审讯中，当玛丽找不到任何突破口的时候，便会准备一大堆的问题，对嫌疑犯进行“连珠炮”似的提问，这些问题互相关联，层层深入，以此来激怒对方，进而摧毁对方的耐心。

前年在洛杉矶当地的一所校园内发生了一起抢劫案。该校一名风度翩翩的高材生被确定为重大犯罪嫌疑人。玛丽在对这名高材生进行调查的过程中发现，他的成绩优异，人缘很好，行为举止深得众人好评，是人们眼中典型的“好学生”。

此后玛丽深入校园，在学生中间展开了调查。根据她和同事的走访，这名高材生不仅勤奋好学，还热衷运动和音乐，业余爱好广泛，家庭条件也十分优越。他是众多学生心目中的好榜样，没有人相信这名品学兼优的学生会做出抢劫的傻事来。

在审讯中，这名高材生的表现也十分镇定。他一遍一遍地强调自己是被冤枉的。当问及他关于抢劫案件的事情时，他摇头否认一切指控，表示自己非常无辜，什么都不清楚。当玛丽讯问这名高材生在案件发生时，他在哪儿、在做什么时，他却表现得烦躁不安，大喊大叫地重复说他什么都不知道。

玛丽没能从这名高材生口中得到任何线索，但他面对有关自己的行踪去向的讯问所表现出来的焦躁情绪，却引起了玛丽和同事们的怀疑，很显然这是一个不错的突破口。情绪的波动往往意味着背后是有隐情的，至少他隐瞒了某些东西。

于是，玛丽对他展开了连珠炮似的询问：

“事发当天你在哪里？你为什么会去那个地方？去做了什么？和谁在一起？还有谁知道你那天的活动日程？你平时几点钟离开学校？

你穿多大尺寸的鞋子？你的车子当天停在什么地方……”

她一口气提了许多问题，不留给嫌疑人任何喘息的机会。在其中一个问题的回答中，嫌疑人不小心提供了一个便利店的名字。玛丽和她的同事们通过这个便利店附近的加油站的监控，找到了一位重要的目击证人。这位目击证人当天在便利店正好与嫌疑人发生了一点儿口角，他可以证明，这名高材生那天见过一个头戴鸭舌帽的家伙。而这个戴鸭舌帽的人是本案的另一个嫌疑人——他提供了3D打印手枪等作案工具。顺着这条线索，所有的嫌疑人被抓获归案。在确凿的证据面前，那名十分聪明的高材生最终承认了自己的罪行。

当案情公布后，认识这名高材生的人全都大吃一惊，因为他将“真实的自己”隐藏得太深了。他的父母震惊无比，无法相信自己的孩子竟然是个罪犯。而最终揭开这个真相的，就是一个简单的提问技巧。

在重要的交流中（审讯、商业谈判或营销活动），环环相扣、层层递进的发问在我们的工作中发挥着巨大的作用。假设你想与他人建立良好融洽的关系，而对方又想在某种程度上来考验你，一个简单的切入点就是去发起一系列的连珠炮似的询问。

举一个例子：假如你是一名厨具推销员，在宣传自己的产品时，使用环环相扣的方法更容易得到他人的信任，而不是问一句就停半天（许多业务人员都喜欢在说一句后便观察和等待顾客的反应。从心理学的角度来看，这恰恰是错误的做法）。

“我们的价格确实比别的一两家贵一点儿，不过，请问您是愿意买类似毛坯的粗糙东西，还是愿意买精品呢？”

“当然愿意买精品。”

“您愿意买没保障的产品，还是愿意买有保障的产品呢？”

“当然是有保障的产品。”

“您看看，现在您应该明白为什么我们要价高了吧。跟我们打交道，无论怎样您都没有损失，我们可以在此基础上进行合作吗？”

“当然可以。”

使用层层递进的提问方式，一开始先从一个小切口出发，引起对方的关注，然后再逐个加大力度。这种技巧可以让你更容易了解问题的根源。

看上面这段对话，当你问一个人“您是要次品还是要精品？”时，毫无疑问，只要对方不是傻瓜，肯定知道选择什么答案。在提问时要提供几个选择，然后再进行层次递进的询问，以便对方说出他们最在意的真实答案。这就是你需要的信息，也是宝贵的商机。

找到他所扮演的角色

◆◇

当面对一些有着重度人格偏执障碍的嫌疑犯时，玛丽常常感到头疼。这是最难沟通的一类人：“他们通常有着无可救药的偏执，通常还伴有被迫害妄想症，比起那些喜欢和时间赛跑、戏弄警察、玩猫捉老鼠的游戏、不到铁板钉钉绝不会承认自己有罪的高智商罪犯，这类嫌疑犯就像是在玩一场角色扮演的游戏。他们看不清楚自己的处境，也不知道自己已经犯下了不可饶恕的罪行。问他们什么呢？他们对外界的任何问题都不感兴趣，因为他们连自我都不清楚是什么。”

为此，玛丽总结道：“要让他们认罪，在拿到确切的证据之前，必须找到突破口，而这种突破口常常是心理和潜意识层面的。我需要先引导他们认清自己到底是谁，做了何事，才能顺畅地谈下去。”

玛丽曾经处理过一桩非常棘手的绑架案。这桩案件很有名，CNN

等电视台连续数日报道。嫌疑犯在郊区一家餐馆内劫持了一名女性人质，要求现场与其对峙的警察必须在2个小时内为他买到一张去往加尔各答的机票，并派出一名医生将他手臂里的跟踪器取出——这名罪犯认为中央情报局在监控他，并且一次次地对其进行政治迫害。

当时，现场嫌疑犯的情绪一度失控，威胁如果不立刻答应他的条件，将做出自己也难以置信的伤害人质的事情："我不想这么做，可我必须杀了她！"作为谈判专家和审讯嫌疑犯的高手，玛丽洞悉近乎所有类型罪犯的心理，受邀赶到现场后，她假扮成医生进入了嫌疑犯控制的餐馆内，承担这次艰苦的解救人质任务。

在嫌疑犯的坚决要求下，她不得不在现场用手术刀切开了对方的手臂，并假装取出了他们事先准备好的跟踪器——实际上那只是一部普通手机的电子芯片。

"你知道吗？中情局对你做出这种事情是严重的犯罪，你是受害者。你本来应该请一名律师或请求人身安全保护，但是现在却绑架了一名人质，你将自己的处境变得异常危险。"玛丽试图让嫌疑犯冷静下来，"你想想，即使你现在得到了一张机票，你能保证自己不会在飞机上或者离境时被暗杀？中情局的线人可是到处都有。我相信你手中一定握有可信的证据。现在我有一个提议，如果你愿意作为证人指控那些企图暗害你的人，我向你保证，你的生命安全将会得到绝对保障，而且你将获得一名出色的辩护律师。"

此时，这名嫌疑犯开始出现犹疑的表情。

玛丽站在他的角度趁热打铁："我相信你是一名守法公民，如果不是有迫不得已的苦衷，不会做出这样的事情。你手中的那名女性也是一名普通公民，她可能是两个孩子的母亲，最小的孩子甚至还不会走路；她薪水微薄，只能在餐馆打工。你们的处境都很艰难，为何不放过她，让我代替她成为人质？请相信我，我比她更有价值。”

在一番循循善诱的引导下，这名嫌疑犯已经产生了极大的动摇。最终，他同意了玛丽的提议，答应替换人质。

这件案子最终顺利解决，在多个部门的配合下，人质得到成功解救，嫌疑犯被当场抓获。事后，有媒体采访玛丽，她说：“嫌疑犯把自己当成一个亡命天涯之徒，这时他根本看不清自己的真实处境，随时会做出最坏的打算。但如果有人引导他，让他知晓自己真正应该扮演的角色，他就会对当下的行为产生动摇。”

我们在生活和工作中也经常遇到类似的情景：对方的观点是错误的，可碍于他的身份、认知或者顽固的立场，你又不能当众顶撞、直接反驳，这会破坏你们之间的关系，或者对当前的事态造成严重的影响，使你们交流不下去，不利于事情的解决。此时怎么办呢？

怎样既不影响沟通的氛围和彼此的关系，又能捍卫自己的立场，成功地解决问题？方法就是——用彼之矛，攻彼之盾。你可以沿着对方的逻辑展开讨论，引导他找回自己的角色，直到推导出一个错误的结论，令他自己发现问题。

多明戈说：“对于启发式的提问来说，这是最聪明的做法。一定要让对方自己发现问题，纠正之前的思路，回归理性的沟通渠道。事实上许多人不能用正常的沟通化解危机，都是因为没有站在这个角度为对方着想，没有成功地进行诱导，也没有真正理解对方的逻辑。”

第一，学会领悟对方的弦外之音。在很多时候，人们开口说话时都会把真实意图埋在字面意思的下面，即使跟亲近的人沟通也是如此，并非是我们听到的那样。然后，他们希望你能听出来并且及时地理解他们。因此，必须在沟通时充分领悟对方的真实意图，并以此做出反应，引导后面的谈话，提出正确的问题。否则，就容易造成沟通的误解。

第二，听到一些观点时，不要急于下结论。在一些场景中，人们一开口说的话并不代表他最后的结论。表述时人的自我定位是漂移的，不是从一开始就有确定的立场。所以，即使你听到和看到了足够的信息，对方阐述得十分充分，你也不要急于下结论。

在倾听的同时要多想一想，再问一问——可以从不同的角度提出诱导式的问题，收集相关的信息，也许才能弄明白对方的真实想法。

第八章

事实性提问，通过数据识破对方的谎言

数据有多大的说服力

◆◇

诺曼作为美国著名的演讲家，他的思想通过收音机与电视机被无数人所接受。他是一个演讲的高手，最喜欢用实例来支撑自己的观点。在有一次采访中他这样说道："我最好的讲话方式就是用真实的事例，这样能让论点更清楚，更有趣，更有说服力。通常情况下，我的每个论点都会用好几个例子去证明。"

这就是诺曼在与听众沟通时的成功之道，他善于运用确凿的证据来证明自己的观点。在表达立场和发表见解的时候，既要言之有物，又要让自己的表达逻辑严谨，才能取信于人，创造积极的沟通氛围。虽然规律和数据的作用并非无可置疑，但他认为，最好的沟通方式仍然是用实例作为支撑自己观点的论据，通过层层深入、有理有据的剖析，方能让我们的观点鞭辟入里，让听者发自内心地认可，愿意继续听下去。

不过，如果数据本身出现了问题，它的说服力就将大打折扣。

“数据真的很可信？或者说，200页纸打印出来的一堆数据就是可以让人闭嘴的说服力？”有一次，我请玛丽来公司给学员授课，她在谈到数据问题时说，“在我情报分析师的职业生涯中，听到最多的一句话就是，不要相信数据，要深究这些数据是怎么产生的，数据背后的东西才是你要挖出来的。”

她举的一个例子是，当情报部门把几千页的资料送到办公室，要求她们对这堆东西正眼相待时，她和同事的第一反应都是追问资料的来源，而不是打开这些资料看看写了些什么。如果资料的来源有问题，他们绝不会相信上面的任何一个字母。

但是现实中，人们总是高估数据的可信度，天然地将数据当作一种不容置疑的铁一样的事实。有时候，人们眼睛看到的数字仅仅是一个数字而已，它和事实的关系是人为形成的，甚至这些数字反映了一个与事实完全相反的“假事实”。

“数据”是用来造假的最佳的工具。

只不过，想从一堆数据中探究事实的真相，所需要的不仅仅是提出好问题的能力，你还要具备一双具有穿透力的眼睛，能够发现数据之间的区别，从数据中找出想要的答案。

• **基础数据和高阶数据**。不仅仅情报部门这么想，每一个领域的精英人士都会从两种角度看待数据。一方面既重视数据的作用，另一方面又会对数据进行不同的归类，比如标明可信度和用途。高盛公司北美区的副总裁曾经对我说："有些数字很可信，有些则纯粹是为了骗人，是专为说服投资者故意捏造的。"

在为客户召开的准备会议上，这位副总裁教导属下，对于初级客户，你们只需要一张盈利表就可以了。初级客户看到一只股票的过往业绩就会在数秒钟内决定是否投资。但这一招对高级客户则不适用，因为他们十分清楚数据不总是可信的。所以，盈利表不能说服他们，还需要拿出未来的走势分析，其中要有一些旁证数据。比如同类股票"差在哪里"。只有这样，才能说服那些人。

这表明，数据看似是一种具有权威信服力的工具，但数据本身并不一定真实。很多基本数据是有"刷"出来的可能的，其中也有许多无中生有的例子（伪造数据是有些华尔街证券分析师的拿手好戏）。因此，以前会有很多"数据无法体现能力"的例子出现在高端会议的争吵中——往往是在涉及重要投资时，手握大量资金的精明投资者为了避免上当，就会对数据提出一些犀利的问题，其中最重要的问题就是"数据的来源"。

"高阶数据"就是为了避免这类误差和错误而出现的，它反映了更加全面、深入的考量。首先，高阶数据的来源完全透明，且经过了科学专业的收集和量化分析，最大化地抛弃了不客观的或偏执的视角；其次，高阶数据往往反映了一个事物的关键属性，有更强的说服力。

例如，一个足球或篮球运动员如果基础数据好看、高阶数据却一塌糊涂，基本就可以被认为是一名平庸的球员，无法证明他的实力。在对球员属性的证明中，射门效率、得分率、奔跑能力、强壮指数等就是基础数据；而攻防到位率、传球准确率、助攻数据等则是高阶数据。后者体现了他对于团队的帮助，前者仅仅是他个人的数据。

- **人们相信天空的说服力。**如今，对于雾霾的治理是众多部门工作的重中之重，也是世界各国共同关心的问题。来自各部门的监测数据都说明重污染持续天数和峰值浓度在下降，治理效果显著。各部门测量和出示的数据告诉人们："看，一切都在变好。"

然而，我们的直观感受很可能是：

出门不戴口罩，气管就会不舒服；

未到供暖季，很多地区依然出现重度污染天气；

空气的能见度低，对交通的影响很大。

有关部门出具的数据与公众的感受并不相符，是人们的感受出错了，还是数据有问题呢？有一家杂志的调查团队通过互联网对近2000人进行的一项调查发现，其中仅有29.5%的受访者感觉治霾数据和直观感受相符，有过半的受访者则对官方数据产生了深深的怀疑。

数据很漂亮，也许事实就是如此，可人们更相信自身的感受。人们觉得自己的感受是不会错的，他们更希望可以用呼吸直观地体验到雾霾的改善情况。所以说，数据并不能说明一切。在生活化的场景中，人们其实更愿意相信天空的说服力。要说服一个人或一群人，实际的体验比任何数据都可靠。

- **经验和数据，谁更有说服力？**公司市场部门的主管去找销售部门的主管："本月要加大营销力度，因为市场调查显示，这两个月的客户咨询指数比过去提升了2倍。”

他得到的回复是：“以我过去几年的经验看，每年7月和8月份都是经营的淡季，因为人们咨询的多，实际签署合同的少。”

前者代表了数据，后者代表了经验。经验只能代表过去，数据也是过去的数据，在一定程度上来说，经验和数据具有相同性。至于谁有说服力，则要具体的事情具体分析。而你要提出的问题是：

“在当下，经验和数据分别可以给我带来什么？”

数据的说服力强，但其欺骗性也非常巨大。就像市场部门的主管犯下的错误，他看到的是客户咨询指数的上升，却没有意识到，电话咨询与签署服务合同完全是两码事，并不等同于最后的销售业绩。

另一方面，如果我们单纯相信数据，那么就很可能掉进一些专业谎言陷阱——数据的陷阱中。

英国政治家爱德华·柯克（Edward Loke）曾经说过：“谎言有三种：一是普通谎言，二是能让人一眼看穿的谎言，三是数据谎言。”

不过，经验也并不是通用的。有时，经验这种东西是靠不住的，哪怕是长久以来得到的经验，也未必就能真正地说服我们，或者说反映出真实的问题。想必很多人都听说过罗素的“火鸡理论”：

一只火鸡很聪明，它发现只要听到农妇的脚步声，就是自己要开饭了。所以它每天都满心期待着这一刻，在过去的364天里都是如此。第365天时，火鸡又听到熟悉的脚步声，欢喜地以为又要开饭了，农妇却走过来扭断了它的脖子。

是的，在火鸡的经验中——相当长的一段时期里，“农妇走过来的脚步声”都是要开饭的证据。这是规律，是它在成长过程中总结出来的规律，但这种规律和经验的局限性在于，它是一只火鸡的视角，而不是农妇的视角。

在农妇的视角中，这个问题是另一种解释：我喂养它，是为了有一天杀掉它，如此而已。

因此你看，经验和数据到底有没有用呢？不可否认，它一定是有用的，但经验只能代表过去，或者说某一个特定时段。比如，在被农妇杀死之前的那段时间，火鸡的经验是对的。数据也不见得可以衡量当下，有时，数据会为我们提供错误的经验，而经验也会产生错误的数据。

所以，当我们需要运用数据和经验解决问题时，一定要坚持具体问题具体分析的原则，切不可盲目地相信别人举出来的数字证据，陷入到经验主义的误区。每当有人试图用数据和经验来说服你时，你的提问应该针对这些证据的来源，先辨别这些数据和经验的真假，再看看它们的适用性，最后得出一个较为清晰的判断。

冲突性证据与相关性数据

◆◇

在我们的日常生活中，不仅不能完全相信数据，对于很多“常见而且被普遍认同的证据”也需进行重点思考和有针对性的提问，才能厘清事实。因为越是常见的数据越有可能出现偏差——在某些特定的场合，利用人们的松懈心理，这些数据完全能用来瞒天过海，取得人们的认可。但实际上这样的证据可能是不可信的。

通常，我们将常见的证据分为“冲突性证据”和“相关性数据”。

- **冲突性证据**。主要包括以下两类：

第一类：直觉性的证据。最典型的冲突性证据莫过于直觉了。我们经常会说，“这是常识呀！”“这是所有人都知道的事。”“这是我的第六感。”这时，我们就在以直觉作为证据，与他人的认知发生冲突。

直觉最大的问题在于，它更多的是个人直观体验的表现，反映了一种强烈的个人偏好，没有“可视”或“可计算”的实证可言。他人无法判断其可信度，仅凭直觉来选择相信或不相信。所以，直觉的可信度通常比较低，它只能说服我们自己，很多时候难以说服别人。当两个人的立场冲突时，直觉产生的判断就会发生冲突，双方无法调和。

虽说要跟着自己的心走——这是一句时下的流行语，但有时也需要谨慎地使用直觉作为依据。一般来说，当有人试图用他的直觉说服你时，你不会那么快上当，也容易提出有针对性的反问，就像人们对别人“我认为”的句式总是比较反感一样。

第二类：经验性的证据。经验性的证据要高级一点，取信的范围和幅度都要高于直觉。人人都有属于自己的独特经历，每个人的成长轨迹、生活的环境、接受教育的程度不同，对世界的认知就会产生很大的差别。所以，每个人的经验也就不同。一般来说，有经验的前辈擅长说服缺乏经验的后辈，这是一种大众常识和非常普遍的现象。

比如，一个人想创业，他去询问一个创业失败的人，他得到的大多会是“不要创业”“创业很艰难”“只有极少数的人会创业成功”之类的经验，这是失败者的消极体验；如果他去请教一位创业成功、资产上亿的富豪，他得到的答案可能更倾向于“支持你进行创业”“勇敢去做吧，你一定会成功”这样的鼓励，这是成功者的积极体验。在这个问题的回答中，个人经验起到了决定性的作用。

所以，每个人的经验都受限于他的个人经历，不能用个人经验作为重要的参考意见。当有人用他的个人经历作为自己观点的支持时，你要提问的方向应该是“排除对方”的其他证据，不能仅以对方的经验作为论据。

• **相关性证据**。主要包括以下五类：

第一类：权威的意见。在《现代汉语词典》中，权威指的是“使人信服的力量和威望”，或者是“在某种范围里最有威望、地位的人或事物”。在某种程度上，权威就是“正确”“标准”“导向”的代名词。全世界的人都觉得，相信权威一定能避免不少错误。

但权威也并不总是正确的。不能因为对方搬出了权威，佐证他的想法，你就得同意或服从他，或者你就无言以对、狼狈地败下阵来。这种情况并非必然存在。

我的朋友蒙塔诺因为有一次当众顶撞商学院的教授而在洛杉矶名噪一时。那是在商学院的一次讲座上，现场数百人都是教授忠实的听众和支持者，唯有蒙塔诺站起来对他的一个观点进行了反驳，要求教授拿出更过硬的证据。结果是，教授先生有些恼怒，拒绝回答，蒙塔诺则被保安请出了会场。

我感兴趣的不是他的顶撞行为——因为他一直就是大胆无畏的代表——而是之后发生的一些事情。在顶撞事件后的一周内，蒙塔诺接到了几十个陌生人的电话，收到了上百封邮件。全是对他的辱骂、嘲讽和威胁。

“你以为你是谁？”

“你这个胆小鬼，敢出来和我面对面吗？”

“我敬佩你的勇气，但蔑视你的智商！”

可事实证明，蒙塔诺的质疑是对的。不久，该教授就在一篇专栏文章中提及此事，公开承认自己犯了一个错误，并向蒙塔诺道歉，承认自己不该未经科学调查就妄断。

由此可见，对于权威（或名人）的观点，我们应该报以尊重，并将其作为主要的参考，但不应盲信和盲从。迷信权威会使人丧失判断力，失去独立思考的能力，让你对于事物产生“高低贵贱”的观点：有名气的人说的就是对的，你不敢有丝毫质疑；对那些名气、资历不如你的人，又放肆而无所顾忌地轻视。那么，你就很可能与真理擦肩而过。

在权威的观点或证据面前，一定要慎重，多想一想为什么，同时多找一找反面的案例。这些相关性证据能与权威数据形成对比的参照，增加数据的准确性。在这个基础上，就能够对问题产生更为客观的认识。

第二类：他人的证词。在很多商业广告、书籍的封底会用这样的语言作为宣传语：

“某某明星指定用品！”

“大师们的选择！”

“某著名人物强力推荐！”

……

以他人(名人)的证词作为营销噱头，这样就给消费者造成一种具有冲击性的强大可信力——明星都在用，名人都来推荐，一定是不错的产品。所以你要相信我，不要质疑，不要提出否定性的问题！

类似这种情况，其实都是商家运用的营销手段，以第三方（多以名人为主）的证言说服消费者。但这种证词不存在严格意义上的证据作用，依靠的是名人的公信力和影响力，以此来达到推广产品的作用。因此，我们经常说“不要相信广告”“不要轻信明星的话”，因为广告都有夸大产品功效的嫌疑，起作用的正是那些明星的“第三方证词”。

生活中，一个人试图说服另一个人往往也用这种方式：

“你知道吗，邻居A也是这么做的。”

“喂，张先生，你过来帮我澄清一下，事情是不是就像我说的……”

利用他人的证言，扩大己方证据的正确性，来说服或否定对方。当你遇到这种情形时，提问的重点是“对方逻辑的漏洞”，只要在逻辑上击倒他，任何人的证言都将不战而退。

第三类：个人的观察。个人的观察和直觉以及个人的经历一样，是很私人化的感受，属于私人化的观点。每个人观察到的东西都不一样，不能用个人观察作为直接的证据。聊天时个人的主观见解只能起到侧面的证明作用，不能作为主要的证据。但人们主观上显然更倾向于相信自己看到或听到的——别人的观察对于我们来说可信度不大，验证起来很困难。这就使人们在遇到私人化的观点博弈时，非常容易陷入停滞的困境中——互不退让，不能形成“和解”。

不过，我们也不能就此判定个人观察是无用的。大体上，所有的重大发现都来源于科学家的仔细观察（个人化的观点）。只不过观察之后，要经过一个严谨的实践和验证过程，只有被验证过了的“观察结论”才是有效的。这提示我们，针对个人观察的提问，要集中在“是否经过验证”这一层面，要求对方拿出详细而可靠的证据。

第四类：科学研究。科学研究通常以大量数据资料为依据，可信度比较高。因此我们常常在各种科学、非科学的论证里看到这样的表述：科学家研究证明，最新的调查显示……人们喜欢用这种句式开头，证明自己的观点是科学的，并且以科学研究作为证据，主要依据科学研究的可证性、可控性和准确性来获得他人的信任。

相对来说，这是一种比较严谨的证据。不过，我们在判断一个科学研究结果是否可靠时，也要从这几个方面考虑：研究的样本是否覆盖足够的范围或者说包含足够的多样性；覆盖率是否达到足以产生概括或得出结论的程度；在选择样本时，该调查是否随机进行。

对于一个确实存在的研究来说，这三个方面缺一不可，是研究数据准确性的保障。如果缺少其中一个因素，就会造成数据的偏差。另外，我们也要考虑该研究、调查等并不存在的情况。有些人会拿一个不存在的研究去说服别人，假如你不假思索地、以常识的观念相信了这一研究的证据，就很难对他提出真正的问题。所以，应该优先考虑某一“科学研究”的准确性。

第五类：类比。“类比”是指运用熟悉的事物来阐释不熟悉的事物，寻找双方之间的相似之处。若两件事物在其中一个方面有相似性，那么在其他方面通常也有相似的可能。运用类比的方法，我们推己及人，举一反三，能很好地证明自己的观点。

那么，我们如何才能判定对方提出的一个类比是不是好的证据呢？

原则是：两种事物间存在密不可分的本质联系。就某一话题而言，两个需要比较的事物之间要与话题本身产生相似之处，这样的类比得出的结论才是有理和有力的——尽管它距离证明观点的正确性仍有一段相当长的路要走。

权威的观点就可靠吗

◆◇

人们更信任权威，不论沟通还是做事都是如此。我问过许多国家不同阶层、不同行业的人士，请教他们对待权威（前辈）的看法，得到的回复大同小异："既然是权威，总是可信的吧？相信他们能节省自己的精力，何乐而不为？"在学校时人们相信老师，在单位人们相信领导和技术专家，在社会上人们相信精英或媒体领袖，很少对他们的看法提出质疑。

但是，权威一定就可靠吗？

自从互联网发展起来，我们的社会进入了高速传播的信息时代，网络上忽然多了很多的"专家"——这个权威的专家告诉我们要这样做，另一个权威的专家告诉我们要那样做。就像我一位朋友笑言的："权威人物到处都是，专家遍地走。"他们的理论千差万别，有的甚至大相径庭，各行其是，让人眼花缭乱、无所适从。

我们到底该听谁的？权威的观点就可靠吗？换句话说：

“如果权威试图说服你，你该如何提出有力的反驳问题？”

生活中，对于大多数的领域和问题而言，权威和专家的意见通常是正确的，至少比普通人的观点更贴近现实。但实际上，对专家的话也不可偏听偏信；面对权威，更不能放弃质疑的权利。因为他们并非时时正确，也会有出错的可能性。

就像李维文在他的一次讲座中说的：“即使巴菲特、罗杰斯这样的投资权威坐在这里，畅谈他们的财经观点，你也要勇于提问，敢于求证，而不是盲目信从。任何人的自信都应源于其内在，而非外在权威的认可。”

当年，尚未成名的小泽征尔雄心勃勃地去欧洲参加一场知名的音乐指挥家大赛，并进入前三名。在最终决赛时，小泽征尔是最后一名参赛者，台下坐着众多指挥家大师，他在拿到主持人交给他的演出乐谱后，开始指挥乐队演出。然而不一会儿，小泽征尔便发现乐曲中有一处不和谐的地方。

起初，小泽征尔以为是这些知名演奏家一时马虎出错了，便客气地请乐队停下来重奏一次，但演奏出的乐曲依旧不和谐。台下的评委和演奏权威人士都表示乐谱没有问题，不和谐不过是小泽征尔的错觉。

面对几百名国际音乐大师，小泽征尔的质疑显得有点难堪，他不免对自己的判断产生了动摇。然而，他思虑再三，依旧选择坚信自己的判断，向评委强调乐谱出现错误。此时，这些看似高傲的评委突然全体起立，对小泽征尔报以热烈的掌声，并宣布他成为此次大赛的冠军。实际上，这是来自评委们的最大考验，比起指挥能力，敢于在权威面前提出质疑更为重要。指挥家是一支乐队的向导，如果向导睁一只眼闭一只眼，那这支乐队一定会失去方向。一个盲从权威的指挥家，又怎么能真正地指挥好一支乐队呢？

大多数时候，我们并没有小泽征尔那样的勇气，我们有时随意地轻信、接受权威的意见，以至于将其他人的观点当成自己的观点，失去了自己坚定的立场。其实，从逻辑层面来讲，权威的观点也未必就是可靠的。他们所具有的优势大多数时候是由信息传播渠道的力量体现的，与观点的对错没有决定性的关系。

一个权威往往是由另一个权威认证的，那么，谁去确保另一个权威的正确性呢？

正如17世纪下半叶，全世界的科学权威是牛顿。几乎没有人质疑牛顿的学说是否有问题，大家都坚定地认为他就是正确的——牛顿是神，这是世人的普遍认知，也是科学界不容动摇的观念。当时，牛顿认为光是一种微粒流。但是后来，克里斯蒂安・惠更斯（Christiaan Huygens）却对牛顿的说法提出了质疑。他认为光是以太波，并且提出了自己的证明。

但由于牛顿的声望颇高，绝大多数人坚定地站在牛顿一方，支持微粒说，而惠更斯的波动说则成了被攻击的对象。有人认为他是胡说八道，有人认为他是故意捣乱。惠更斯并没有因此动摇自己的立场，他始终坚持独立见解，并且继续深入地研究。这需要极大的勇气和毅力。19世纪初,牛顿的微粒说被推翻，波动说被证明是正确的。

可以说，迷信权威是我们在创新道路上遇到的最大的障碍，也是我们在沟通时最大的心魔。如果总是仰望权威，那么，任何一个职位比你高、成就比你大的人都可以轻松地说服你，而你不敢提出任何相反的问题。权威挡在前面，你连挑战他们的勇气都没有。我们不否认权威在某些领域中的导向和标杆作用，但如果盲从权威，失去提问和质疑的能力，权威就会成为阻挡你前进的高不可攀的大山。

来自纽泽西的安娜曾讲述了发生在自己身上的一件真事：她从小特别喜欢芭蕾舞，每天都在刻苦练习。有一天，小镇上来了一个著名的芭蕾舞团。安娜一眼认出舞团的团长是当时一位特别知名的芭蕾舞演员。在演出结束后，安娜毛遂自荐，对团长说，自己以后想成为一名芭蕾舞演员，因此请她看看自己是否有天赋。

团长让安娜跳了一段舞。几分钟后，团长说："你没有天赋，做不了芭蕾舞演员。"安娜没想到自己会得到这样的评价，大哭着逃跑了，从此以后便放弃了跳舞。二十年后，安娜成了一家百货超市的售货员，很偶然的情况下，她遇到了当年的那位舞蹈团团长。团长已经记不起当年的那个小女孩了，但安娜却永远忘不了那决定她一生的一幕。

提起旧事，安娜问她："您当年只看了我短短几分钟的表演，为什么就认定我没有芭蕾舞表演天赋呢？"团长说："也许我只是随口一说吧！以前也总有人向你那样问我。"

听到这样的回答，安娜立刻失声尖叫起来："您知道自己做了什么吗？就因为您的一句话，彻底毁了我的一生，我本来应该可以成为舞蹈家的！”

安娜的悲剧令人惋惜。但仔细想想，造成今天这样的结果全都怪那位说话不负责任的团长吗？其实不然，如果她不迷信“知名舞蹈家”的权威，在当年被否定的时候就提出疑问，与之仔细沟通，逼对方认真地观察自己，给予专业的、谨慎的回答，想必她得到的答案可能就不是简单的一句“你没有天赋”了。舞蹈家可能会告诉她——动作有什么问题，节奏是不是不对，应该从哪些方面取长补短……

但是，安娜太过脆弱，只因芭蕾舞蹈家随口一句认为她没有天赋，便彻底地否定了自我，放弃了改正缺点和完善自我的机会。这是一种思想不成熟的表现，也是自暴自弃者最爱为自己寻找的借口。

受到权威声音的否定并不可怕，可怕的是自己全然接受这种声音而不加证实和深究，在这种情况下，权威就会一直成为你心目中挥之不去的权威——即使那样做是错的；迷信者越来越迷信，最终沦为任何一种权威的信徒。和这样的人聊天，你会发现，他们动不动便引经据典，提出任何观点时都会用各行各业的权威来替其佐证，而他永远都没有自己独到的见解。那么，我们该如何摆脱这种限制呢？

第一，要有怀疑的勇气。记住，书本上的知识也未必全都正确，要有独立思考的能力。

第二，要有提出问题的能力。如果质疑某个观点是错的，那什么样的观点是对的？提出你的问题！

第三，要有求真的精神。既然提出问题，就是为了解决问题，不能光问不答。

怎样问出欺骗性的数据

◆◇

当你无意间翻阅报纸或杂志时，会看到某一个根据数字统计而来的结论。比如说，孩子一般在出生后第几个月会走路，第几个月会说话。这些数据通常是你比较关心的现实问题，你可能会立刻联想到自己或者亲戚朋友的孩子，并以此印证自己看到的情况是否与数据中的结论相符。

但是，如果你碰巧成了结论之外的个例——孩子在指定的月份还不会行走或者说话，你会作何感想呢？

一位新手妈妈因为缺乏育儿经验，通常会倾向于毫不犹豫地相信数据，并把这个观点散播给家人朋友，对此深信不疑。她可能会担心孩子的发育有问题，觉得有必要立刻联系医生，给孩子做一下全方位的健康检查。她也可能认为是自己的问题，也许是基因的遗传，或有其他方面的疾病。

然而，这种数据并不完全可信，它至少存在着两个问题：

首先，仅仅通过“说话”和“走路”这样的指标，很难判定孩子的发育是否一定存在问题。这些数据只是通过样本统计得出的平均值，几乎没有人能在所有方面都完全达到完美的标准。

其次，在得出数据前调查的样本是否全面？因为不同地区，不同种族的孩子也可能存在差异。如果将更大范围没有统计到的孩子也记录进来，结果可能就会发生很大的变化。

这表明，有时候，一份“真实”的统计数据也有可能欺骗我们，而且确实在现实生活中起到了这样的效果。如何判定统计数据的可信度呢？这就需要我们绕开样本偏差的陷阱。当你看到样本的问题时，要能够提出这方面的质疑，要求举证者回答。

• **发现样本的偏差。**样本的偏差主要有以下两种情况：

第一，样本数据的不足。当我们在广告上看到一些看似权威的结论时，对它们难免深信不疑。比如说，“经用户调查实验显示，使用某某牌牙膏使蛀牙减少30%，专业认证，品质保障，值得信赖。”

类似这种广告宣传语不胜枚举，许多产品都善用这种套路。但深入研究你才会想到，这些用户有多少人？用了这个品牌的牙膏多久？在使用这个品牌牙膏的同时，是否也采取了其他保护牙齿的措施？

实际上，所谓“很多被测试的用户”可能仅由三十多个人组成，这意味着什么？这样一组规模不大的体验用户，连续记录几个月的蛀牙数，接着使用这个品牌的牙膏，之后一定会发生以下其中一种结果：蛀牙明显增多；蛀牙明显减少；蛀牙数量无明显变化。

倘若是第一或第三种结果，牙膏公司便可开始重新实验。由于概率的影响，迟早有一组被测试者将证明有很好的效果。事实上，无论使用什么品牌的牙膏，上述结果都会发生。也就是说，这样的样本数据本身就是有问题的。

第二，内在样本的偏差。1936年，经济大萧条刚刚结束不久，美国展开了新一轮总统选举，美国国内一家十分权威的杂志社决定进行一场民意测验。杂志社员工为了了解大众的意向，向有关部门借来了电话簿和汽车登记卡，打电话向他们询问是支持时任堪萨斯州州长兰顿还是当时的总统罗斯福。众多民众表示对兰顿的期待更高，于是，此杂志预测兰顿将在选举中获胜。

然而，大选结果却和杂志社预测的完全相反，罗斯福高出兰顿将近20个百分点，连任不成问题。

为什么会产生这种预测失误呢？这是一个值得研究的奇妙现象。实际上，杂志社将调查范围锁定在了拥有电话和汽车的人群身上。即便参与调查的人再多，在刚刚经历金融危机的美国，也只有富人阶级才能使用电话和汽车。但有能力购买电话和汽车的人并不能真正代表全部选民——很多底层人民在当时的情况下，别说汽车，连一份杂志可能都买不起。所以，拥有更多的底层选民支持的罗斯福，其真正的支持率被杂志社刻意忽视了。

像这种统计样本的偏差，正是导致统计数据不真实的最大原因。假如你看不到这些被忽略的地方，你就找不到应该质疑的重心。

•**有些数字是“精心挑选”的**。在进入一个公司前，很多老板会宣称其员工的平均收入是多少。平均收入高的公司当然是好公司，然而，这种平均数却有可能是被“精心挑选”的，不能代表该公司的真实情况。

这种平均数是中位数。假如平均数是10000元，也就是说，整个公司，有一半员工每月薪酬高于10000元，另一半员工每月挣的少于10000元。

但这10000元若是公司高管和底层员工的平均数，就没有什么意义了。因为“平均收入达到10000元”这样的“事实”，既隐瞒了1000元的最低收入，同时也隐瞒了公司高层以巨额薪金形式抽取的高额利润。

所以说，这种数据是没有什么实际参考价值的。要想得到一个客观的数字，需要在同种岗位中取样，去掉最大数和最小数，中间数平均下来，才是最接近实际收入的数字。这与每年公布的地区平均收入水平所反映的是同一现象。很多人感觉自己的薪资被平均值拉低，也有的人感觉自己的收入远远达不到平均值。其实这很容易理解，当大富豪与底层收入者被纳入一个计算范围内，得出的只能是一个平均数。而贫富差距越大，平均数的准确率就越低。

•**被刻意忽略的误差**。再比如，人类智商的平均数是100，即100意味着“正常”，低于100就是不正常。假如小A和小B同时接受了智力测试，得出的结果——小A的智商是101，小B是98。这时候，你可能会做出小A比小B聪明的判断。可是作为心理学教授出身的哈莱尔并不是这样想的。因为聪明与否和智商的高低并不具备绝对的关联，同时，在统计智商样本时哪怕存在一丁点儿的误差，也会造成截然不同的结果。

哈莱尔提出这样一个理论：

假设你需要了解几块地的大小，通过多次步测栅栏，然后发现此地长为100码（1码≈0.9米）。但仔细思考你就能发现，测试数次的过程中平均而言存在3码的误差。也就是说，在这么多次步测中，有一半的步测结果是在100码之内，一半是在100码之外。测量100码，你就有可能出现3码的误差，或者说3%，那么这块土地被你步量测出的100码应该被记录成100±3码。

他认为，同样的，上面的智力测验也会有这样的可能误差。我们同样假设智商测试的误差为3%，那么测试结果为101的小A的智商更为准确的表达应该是101±3，小B是98±3。换句话说，小A和小B的智商应该在98~104和95~101的范围内。

这样我们就会发现，因为误差的存在，你并不能肯定地说明小B的智商一定低于小A。

哈莱尔是这样解释的，对于像智力测验以及许多其他类似的抽样调查结果，不能准确提炼一个数字，而是要注意它的范围。正常智商不应该只是100这样一个数值，而应是在诸如90~110的一定范围内。将处于这个范围的孩子与低于或高于此范围的孩子进行比较，才会得出一些有用的结论，而对相差并不悬殊的数据进行比对作用不大。

他总结说："问题并不在于数据的准确性，而在于数据出炉过程的欺骗性。大部分人即使不相信一组数据，也只针对这组数据本身提出质疑，往往忽视了在数据采集过程中被刻意忽略的其他关键指标，因此，即使提出疑问，也软弱无力，反驳不倒对方。"

搜集被忽略的信息

◆◇

这意味着，我们在提问时要注重看那些隐藏在后面的信息，特别是被对方有意忽略掉的重要细节。人们刻意忽略一些信息，往往是为了误导你做出另一种判断。

有时我们会发现，从一堆信息中梳理出“显而易见的结论”并不难，很多证据都指向我们现在所得出的结论，答案似乎再清晰不过。但这样的判断未免过于轻率。特别是在涉及重大利益和决策的问题面前，这种太过明显的指向性信息往往存在陷阱，真正重要的信息可能被你忽略掉了。

因此，在得出结论之前必须要问问自己：“我有没有在信息收集中遗漏什么？”不要觉得麻烦，这一步很可能关系到结果的正确性。

玛丽讲述了她曾经遇到过的一个智商很高的犯罪嫌疑人A。当时，警察局已经有了确凿的证据，可以马上逮捕犯罪嫌疑人A。当警察破门而入时，A正在匆匆忙忙地收拾行囊准备出门，警察在他的行李中发现了一张去往纽约的机票。还好来得及时，A才没有逃脱。

当时，所有人都松了一口气。警察立刻将其逮捕，并且马不停蹄地进行讯问。当讯问到他要去纽约做什么时——这是一个关键问题，A却什么都不说，只是隔一会儿就看看墙上的钟表。这是他在整个审讯过程中一直在做的固定动作。

玛丽敏锐地发现了这个蹊跷。A总是看时间，一定是在等待着什么。不是等着有人在某地接头，就是在等候某个重要的时间点。玛丽抓住这个切入点，立刻对其展开了心理战。一番审讯下来，A招架不住，终于承认有一个朋友找到他，并且给了他一笔钱，告诉他如果警察找上门，什么都不要说，一定要拖延到晚上10点才能说出实情。回报是，这件事办成以后，他可以拿到一张非常难以买到的NBA全明星赛门票。至于门票在哪儿，他现在并不知道。那个人只是说，等人到了纽约后会告诉他。被逮捕之前，他匆匆地收拾行囊，就是为了赶去纽约观看自己一直想看的那场比赛。

A说出实情时，还差10分钟就要到晚上10点钟了，警察局出动了全部警力才最终将真正的犯罪嫌疑人B抓获。当时，B已经登上了飞机，坐到了座位上，还差2分钟飞机就要起飞了。

A总是抬头看时钟这个细节，是关系到案件的一个很重要的信息，如果再晚一点儿注意到，真正的犯罪嫌疑人可能就逃之夭夭了。可见，我们在判断一件事情时，不要过于相信眼前的证据，有些重要情报可能就隐藏在被我们忽略的细节中。当你发现那些被其他人忽略的蛛丝马迹时，一定要尽快进行针对性的提问，以免错过宝贵的时机。

玛丽总结说：“要撬开他的嘴，就不能放过任何细节。这样你才能发现问题，洞察真相。”

• **注意存在利害关系的信息。**在调查和了解详细信息的过程中，往往没有人告诉你可以存在哪些观测值，或者应该采取的标准是什么。尤其是当信息来源与信息本身存在着一定的利害关系时，需要特别注意那些“关键观测值”的缺失，并且勇于对整件事提出自己的疑问。

比如，当平均值与中位数相差甚远时，就需要注意那些没有标明类型的平均数：到底是平均值、中位数，还是众数？到底哪一个数值对于该样本最具有代表性，最能说明问题？

如果信息中遗漏了某一项观测值，那么你就有理由去怀疑这些数据的缺失可能使你对一件事物的判断产生偏差。同时，只有在你明晰了这些数据的存在与否所能产生的影响之后，你才能做出适当的决策，提出正确的问题。

• **数据是否过于单一？**数据需要比较才能看出其真正的意义。如果只是一组孤立的数据，没有对比，没有参照系，就无法轻易对它下结论。

美国杂志《纽约客》（*The New Yorker*）曾经刊载过这样一篇报道：

根据英国卫生部最新的调查数据：在一周大雾天气的笼罩下，伦敦市郊的死亡人数猛增至2800人。这个冬天，大自然的“恩赐”却成了致命的杀伤武器。

这则消息的内容确实耸人听闻。但细想想，2800人的死亡人数是完全因大雾天气造成的吗？是否有其他的意外产生，是否有疾病致死才导致了死亡人数的增加呢？还有，平常情况下的死亡人数又是多少呢？不可控的外部因素太多，可供选择的数据又太少。这个高达2800人的死亡数据看似惊人，但由于缺乏其他数据与之比较，因此就显得夸张和失实。

所以，当有人拿着这么一份报告证明他的结论时，你完全可以就上面的问题逐步提问，要求他一一做出回答。

• **原始数据还在吗？**当原始合同“丢失”时，你是否相信一张“原始合同的复印件”？有时，仅给出百分比却缺少原始数据的分析也可能会误导人。

在很久以前，当约翰·霍普金斯大学首次接收女学生时，一位强烈反对女性进入学校的人做出了一个让人大跌眼镜的报道：

约翰·霍普金斯大学开始接收女生后，有1/3的女生嫁给了自己的大学老师。

然而，事实上，当年约翰·霍普金斯大学总共只招收了3名女生，其中只有1位女生后来嫁给了自己的老师。

我们不能说报道的百分比数据一点儿都不准确，但是，在原始数据缺失的情况下，这个数字所表达出来的意思却具有很强的误导性，这在一定程度上有欺骗受众之嫌。

在对公司考核部门的培训中，我对业绩考核主管的第一条要求就是先把项目负责人的业绩报告扔到一边，去看一遍项目管理的原始数据，然后再对他提出问题。

当我们需要将一些数据和材料作为参考对象时，需要保持严谨的态度，尽量不要直接采用一些结论性的数据作为结论的决定性指标。如果有必要，就得找到原始数据，这样才能得出有效的数据信息，进而判断一个观点是否正确，并对一件事情或一个人做出客观的评估。

第九章

开放式提问，让对方充分地表达想法

提出可以互动的问题

◆◇

在《六度人脉》一书中，著名的公关顾问李维文经常强调的一点是：一个人孤军奋战和一个人思考问题、解决问题的时代已经过去了。在当下及未来的社会，生活和事业的成败，不仅取决于自己的能力，也取决于你是否建立了品质优良的人脉圈——优质的人际关系能为你提供信息，传递和增强你所具有的价值。

所以，建设优质的人际关系网尤为重要。其中的重中之重，就是“优质沟通”。

在一段关系中，一方一味地倾诉或者一味地聆听，都容易引起对方的反感，使得交往、交流都无法深入进行下去。但是如果能提出一个可以互动的问题，或者形成良好互动的氛围，则相当于在交流双方之间架起一道桥梁，使交流变成了双向的——你来我往，取长补短，这样就有助于建立深层次的情感与信任。

我们要思考一切办法，让互动的对话进行下去。能加深人际关系和解决问题的对话，唯有互动。如果你不懂得互动的策略，就难以和人展开充分的讨论。你所有的提问都可能局限于一种浅层次的沟通，不会创造出坦诚的氛围，也不会得出深刻的见解。

• **少用“二选一法”**。这是我的第一个忠告。“二选一法”是销售中的专有词汇，也叫作封闭式提问。就是指人们在提问中给予对方两种预设的可能，但对方只能选择一种，没有第三种选项。例如在外面就餐时，服务员问你：“主食想吃米饭还是馒头？”除了米饭就是馒头。你想吃包子？对不起，没有。封闭式的问题是为了让回答者两选其一而给出的一个方便简单的选择题。这样能节约提问者的时间，减少因选择障碍而产生的时间浪费。

与之相对的是开放式提问。服务员会说：“请问您想点些什么主食呢？”这时顾客没有一个限定的范围，可能会给出很多并不存在的选项。比如顾客想吃包子，但店里并没有包子；顾客又说想吃煎饼，但店里也没有煎饼。最后顾客就会抱怨：

“我想吃的都没有，你们这个店到底在卖些什么？”

为了避免出现这样的尴尬局面，有时候我们就得使用封闭式提问。下面是最常见的一些封闭式提问：

“你是律师吧？”——选项只有“是”和“不是”。

“你难道不想买一份保险为自己增加一份保障吗？”——选项只有“想”和“不想”。

“你更喜欢喝什么，芬达还是雪碧？”——选项只有“芬达”和“雪碧”。

一般而言，封闭式提问可以使答案更加简单。因为所要选择的范围小，需要考虑的选项就少。但持续使用封闭式提问，容易使回答者感到烦躁。这仅适合商业性的沟通，而不是生活中的或创意性的聊天。想让话题融洽、和谐、有趣地进行下去，我们就要使用开放式提问，给予回答者较大的空间来进行回答。

• **开放式提问**。这是我的第二个忠告。一定要尽量动脑子，激活对于问题的创造性。开放式提问一般以“为什么是这样？”“你的想法是什么？”“这样做会有怎样的好处？”“可以说一说你的想法吗？”等作为提问的开头。从第一句开始便用一把钥匙打开双方想象力的牢笼，拓展各自的想象空间。

当我去学校探访，了解那些优秀老师的讲课方式时，他们最大的特点就是擅长对学生提出“为什么”，用开放式提问激发学生讨论的热情。对于一个实际上有成熟答案的问题，老师也会暂时搁置答案，引导学生向其他方面展开联想。

比如：

“假如第二次世界大战美国没有参战，接下来形势将如何发展？”

“如果给你一次改造地球历史的机会，你会选择让恐龙灭绝吗？为什么？”

开放式提问最大的好处是不受限制、可以充分发挥回答者的想象力，向与问题相关的四周延伸。当你提出一个这样的问题时，人们容易进入一种互动的氛围。例如，优秀的心理医生通常擅长使用开放式提问，这样能缓释患者的压力，让患者敞开心扉，以随意交谈的形式把心中压抑的情绪释放出来，以便了解患者心理问题的根源。

在交流中，我们应该怎样使用开放式提问呢？

第一，用封闭式问题开头，用开放式提问推进对话。用封闭式提问开始一次谈话，有利于双方尽快进入互动流程。在一开始，我们为对方设置了一个较低的难度，为的是做一个良好的铺垫，并起到试探的作用。但接下来使用开放性的问题，才能让对方真正地打开话匣子，推动交流的深入进行。因为我们不能用试探的形式进行完整个对话，总要触及实质问题。

比如，一位许久不见的朋友去你家里做客。你开始时往往会这样问："喝咖啡还是喝茶？""坐了几个小时的飞机？累不累？"……

这些问题都属于封闭式问题的范畴。接下来，你可能会这样问："你最近工作怎么样？有没有趣事分享一下？对这座城市的印象如何？"

对于后面的问题，对方通常不会用简单的"是"或"好"等词来回答，而是用具体的故事来答复，同时你也有机会讲一讲自己的感受，和他分享在这座城市游玩的经验。这样一来，话题就打开了。

第二，深入挖掘事件的细节。当对方声情并茂地讲述一件事情时，要与对方实现有效的互动，你除了认真地点头回应，还应挖掘一些细节出来。一方面，这体现了你在认真地倾听；另一方面，细节问题也能更好地佐证对方"有没有说谎"。

比如："请等一下，你说客户在合同上加入了一条保密条款，是吗？""既然有这种条款，为何你还要跟他们签合同呢？"我们把这一类重要的细节单独拿出来讨论，可以起到非常好的补充作用，利于你深入地了解这件事，得到更多的信息。

重要的是，在对方看来，你认真地听了他讲述的内容，这体现了一种尊重，能帮你赢得他的好感。

第三，引导他人自省，从而认识到问题背后的原因。例如："如果这种问题一直发生，将会产生怎样的负面影响呢？"又或者："你最近总是迟到，是有什么事情吗？"

一次讨论中，多明戈对那些行政部门和人力资源部门的管理者说："假如你必须训斥一名下属，又不能让他破罐子破摔，你会怎么做？互动的方式显然是一个必要原则，但在提出问题时，你要给对方留出足够的缓冲区。既让他认识到问题，反省错误，又能让他在谈话中思考应该采取的改进措施。"

最常见的批评方式通常是粗暴式的，老板把下属叫到办公室，劈头盖脸一阵训斥。下属走出办公室可能半晌才想明白究竟怎么回事，但他是否充分认识到错误了呢？根据我们的调查，凡是经受上司一阵粗暴式批评的员工，90%以上都不会真正反省自己的问题——哪怕他们对于自己的错误是心知肚明的。他们更在意的是上司对待自己的方式。

在开放性的问题中，我们必须让回答者自己展开联想，延伸他们自己的想法，从而可以反省自己的错误。最后，双方在同一条轨道的终点汇合，形成一个统一的方案。这表明，即使是最严厉的批评，也要以一种互动的形式进行，使沟通具备建设性，最后解决问题。

如何排除干扰选项

◆◇

我们在讨论一个问题时，会从多个方面探讨、研究存在的各种可能性，分条目列出众多选项，最终只留下一两个最满意的答案。这个过程中需要用到“排除法”，把那些不符合常识和逻辑的选项一一排除掉，剩下的就是正确的答案。

那么，在列出的众多选项中，如何进行排除呢？怎样为对方提出额外的选项，供他深入思考或者给予回答？这需要严谨的逻辑思维来辅助。

比如，现在有一道逻辑推理题特别流行：

有一家四口人，包括爸爸、妈妈、儿子、女儿。一天晚上，这家人因为分财产起了争执，家里发生了谋杀案。家庭中的一个人杀害了另外一个人。在其他两个人中，一个是目击者，一个是凶手的同谋。那么，在这四个人中，你认为凶手是谁呢?

我们来看这道题中列出的选项：

1.同谋和目击者性别不同；

2.最年长的成员和目击者性别不同；

3.最年轻的成员和被害者性别不同；

4.同谋的年龄比被害者大；

5.父亲是最年长的成员；

6.凶手不是最年轻的成员。

对于这道题，我们应该如何运用排除法进行解答呢？该训练题提供的思路如下：

· 由选项2和5，可以推断出目击者是女儿或者妈妈；

· 由选项1，推断出同谋者是儿子或者爸爸；

· 由选项4判断出同谋是爸爸，被害者是儿子；

· 由选项3推断出最年轻的成员是女儿；

· 由选项6推断出凶手是妈妈。

你看，其实，排除“错误选项”的过程就是一个“提问与回答”的过程。你提问，对方回答；对方提问，你回答。一来一往，思路迸发，方向逐渐清晰。这既是互动的沟通，又是开放性极强的思维碰撞。没有互动，就没有灵感的产生。在这个过程中，必须要有严谨的逻辑辅助，否则得出的答案可能就是错误的。那么，我们应该如何培养严谨的“论证思维”能力呢?

第一，把问题的前提考虑得更具体些。当你在处理一个问题前，应该多问问自己："我是不是把所有可能的因素都考虑到了，有没有遗漏重要信息？"如果有，不要着急下结论，再去找一找，看一看，最后形成自己要说的问题。

第二，警惕大家一致的看法。多明戈说："假如所有人都认同一件事，那么这件事往往不是那么合理。"真理有时候就掌握在少数人的手中，而且真理并不是世人皆无条件认同的东西。当大家的看法都趋于一致、绝无异议时，我们反而要保持警惕。所以，当人们异口同声要求你做一件事时，你应该问："难道就没有别的选择吗？"在生活和工作中要多关注细节，多加思考；要勇于提出相反的看法，鼓励自己和别人发散思考，尽量让自己的观点更加客观。而不是人云亦云、随波逐流。

第三，善于联想到其他的事情。世界上许多事物都存在着联系，在提问时一定要学会举一反三，从当下的事情联想到其余的重要问题，这样可以帮助你们解除许多疑惑。也就是说，当思考和判断一个事物时，为其找一个相似的参照系（物），看看能否得到启发。

第四，区分事实和想象。事实是事物本身,是真实发生的；想象是在头脑中添加的、演绎的可能性。在重新认识一件事情时，不要被刻板的第一印象控制。我们要用事实说话，用事实提问，任何时候都不要空穴来风和捕风捉影。

第五，小心那些模棱两可的词语。例如，"增长了"和"增长到"虽然只有一字之差，但是它们所表达的意思却相去千里。因此，要小心区分这些字眼，不要掉入文字的陷阱。有效的做法是，先很好地听，确认自己听清、听懂了对方的用词，再由此做出回应。

第六，多问“苏格拉底式”的问题。什么是“苏格拉底式”的问题？这种提问的方法由古希腊著名哲学家苏格拉底所创造。苏格拉底经常对别人说：“我唯一知道的是自己一无所知。”

他质疑自己、质疑他人、质疑人生，质疑世间所有的事物。他说：“未经审视的生活是不值得过的。”这话的意思是说，我们对生活中的方方面面都要怀有探询与怀疑的目光，常存一个问号，常抱一种审视的态度。多问一些“苏格拉底式”的问题，用质疑的态度探寻对方逻辑的漏洞，这将有助于我们思考，有益于双方把事情聊透、聊到位。

第七，让嘴永远动得比脑子慢一拍。有句话说：“讷于言，敏于行。”讲得就是这个道理，不要当大嘴巴，不要让口舌去思考。先想清楚再说；先观察，再行动。不要在没想清楚时就急于表达，或者冲动地提出问题，要让语言和思路组织得更严谨一些再说出口。说得慢没人怪你，说错了则覆水难收。

充分地讨论核心问题

◆◇

当有人想要征求你的建议却又含糊其词（有所隐瞒），或者开始向你详细地说明关于这件事情的背景情况时，你可以这样问：

"你想要了解的是什么？"

"你的关注点是什么？"

"你最希望知道的核心问题是什么？"

有一次，我的一位下属敲开办公室的门，她一脸委屈地进来，坐在沙发上就开始倾诉这段时间她过得有多么艰难，一直讲了五分钟。在这五分钟的时间内，她差不多说遍了一个人在生活和工作中能遇到的所有难题，最后她突然闭嘴了，开始哭泣。

碰到这样的下属，你是不是感觉莫名其妙？所以我倒了一杯水拿过去，请她喝杯水冷静一下，然后问她："你到底想说什么？"

这时她才小声地、有些怯弱地说："我已经来公司工作13个月了，这是第二个年头，能不能给我加薪？"

我回答说："这是一个正经的问题，你完全可以一进来就直截了当地告诉我。现在，我的回复是，去找人力资源部门提出你的申请，他们会在这个月给出一个书面评估，决定是否应该给你加薪。"

你看，对于相当一部分人来说，聊天时的"核心问题"经常是藏在最后的。遇到这种情境时，充分以及敏锐的预判十分重要，千万不要被对方的表象迷惑，要看到他们含糊其词的背后想要对你表达的真正意思是什么。

- **设计问题和对话都要抓住关键。**无论是设计问题，还是实际的对话，都应该抓住关键的环节所在。当有人征求意见或想把一个棘手的问题抛给你时，你可以通过这个问题最大限度地约束他们，迫使他们分清事情的核心是什么——他们想要从你这里得到什么建议？

通过提出一个具有约束性的问题，可以减少对方说话中的迂回情节，以便直奔谈话的主题。就像我对下属提出的那个问题一样。如果你的提问和对话都偏离了主题，谈话就成了浪费精力的垃圾时间，你一无所获，对方也没什么感觉。

- **抓住一点，追问到底。**有些提问的过程可以说是一场战争——被提问者不是想逃避，就是有零和博弈和针锋相对的心理。要想取得这场战争的胜利，就得讲究提问策略和方法，密切地关注沟通对象的心理变化。重要的是，抓住一个重点，就对他追问到底，得出有利的信息。否则一旦错失战机，你所做的一切可能都只是在做无用功。

那么，我们如何才能抓住沟通对象答语中的要点呢？

第一，注意交流对象给出的答语中的“关键词”。关键词是指能体现对话的中心概念的词语。这样的词语如果在对话中反复出现就叫作高频词。凡是一个人在回答中重复出现同义的关键词，说明他的表达重心就在这里。

比如你问对方：“这次换手机，你想换一个什么样的呀？”

回答者说：“不需要是什么大牌子，价格便宜、经济实用就好。”

在他的回答中，便宜、经济是同义词，由此可知对方回答的重点是想买一部价钱合理的手机。那么，就可以适当地向他推荐一些实用性的产品。就这样，注意对方回答中的关键词，我们就能够快速掌握对方的真实意图。如果他既提到了“时尚”又讲到了“高档”，说明他想要的是一部价钱较贵、功能出众的手机，你可以带他去苹果专卖店看看。

第二，无法抓住对方回答中的重点时，可以很有礼貌地采用疑问的方式复述一遍对方的话，让对方提供进一步的信息。

一般来说，当一个人用疑问的方式复述你的话时，你通常会主动地再解释一遍。因为复述表明这个人认真地听你讲了，他复述一遍的主要目的是想弄清楚你的真实意图，是为了不发生误判。这是一种尊重，你会感到很满意，因而也愿意主动地解释。这样一来，提问者就能赢得思考和总结回答重点的时间，以免给出错误或不令人满意的回答。

第三，实在不理解对方的回答时，可以直接询问他“为什么”，或者问他想要一个什么样的结果。

有时，对方的回答是我们很难理解的，甚至他自己都不知道自己在说什么，所以需要进一步地询问，然后从中找出一个我们容易理解的重点。这是我在多年的研究中发现的人类意识中的弱点，人们在对话中时常会讲些莫名其妙的东西，即使他自己也对此懵懂无知，但他的内心却是明亮的，清楚地知道自己想要什么。

所以，如果你认为这种人是愚蠢的，那你将大错特错，因为你看到的、听到的仅是一种假象。假如一个人总是不能直接回复你的提问，避重就轻，你就可以采用第三种方式，请他不要兜圈子，明确地给出一个答案或者讲出他的问题。这时，开放式提问就不再奏效了。

什么时候应该终止提问

◆◇

• **发现对方不感兴趣，就要学会终止话题。**当一个人对我们提出的话题感兴趣时，通常会有下面的这些表现：

身体稍微向前倾，看起来很有兴趣，而且他的眼睛一直望着你；嘴角上扬，眉向上升，会随着你话题的内容而表现出不同的表情，或开心或吃惊或悲伤或无奈等；会积极回答你的提问，比如："真的是这样吗？""结局竟然是这个样子的呀！""太出乎我的意料啦！"

但当一个人对你的话题不感兴趣时，往往会有这样的表现：

身体不再往前倾，而是往后靠，或者是抱着胳膊，用手捂着嘴巴，或者眼神飘忽，连连打哈欠等；也许他会回应你的问题，但也只会说“好”“行”“可以”“哦”等。

如果对方对你提出的话题（问题）表现出感兴趣的姿态，就可以继续谈论下去；如果对方对你提出的话题（问题）表现出厌倦或者不在乎，你就要懂得转换话题，适当地、识趣地终止提问，以免聊天陷入尴尬的境地。

• **不要打破砂锅问到底。**有一次，家住圣安娜的劳伦太太写来一封邮件，她为自己的沟通能力深深苦恼：“每当我跟朋友聊天时，都有一个奇怪的现象，人们似乎不能对我维持太久的热情。比如我提出一个话题跟她们聊，开始的几分钟她们还能热情地回应，可三五分钟一过，大家就冷淡下来。再过一会儿，有的人便借故离开了，或者干脆不再跟我谈。”

由此她困惑——是不是我哪个地方得罪了她们，而我并不知道呢？

经过几次回信，我了解到劳伦太太的问题。她是一个善良的好人，在邻里之间是有口皆碑的。比如她主动关心邻居，乐于助人，还是社区里的“慈善大使”——因为她每年都往慈善组织捐助数百美元。但她在沟通时有一个缺点，对于别人的反应和真实想法表现得过于迟钝。就像她自己提到的，每当一个话题聊了很长时间以后，大家就不想再就这个话题聊下去了，可她却依然兴趣高昂。

1. 即使最简单的问题，她也喜欢刨根问底。有时候，她明明知道答案也会这么做。

2.对于一些其他人忌讳的话题，她表现得有些过于关注了，这让其他人很不舒服。

基于这两点，尽管劳伦太太是出了名的好人，可她仍不是一个对话的高手，也不是公众场合受欢迎的聊天者。生活中，我们把这类人定义为“不识趣”的群体，这不是一个好的评价。

“打破砂锅问到底”的精神在很多领域都是让人赞赏的一种品质，然而凡事都有其两面性。有时，即使打破砂锅，你也很难问到自己需要的信息。所以，适当地停止提问，给双方留下后退的空间，维护和谐的气氛，才是较为明智的选择。

在一场私人派对上，有一位相貌英俊的男子看到一名风姿绰约的女子，便上前询问：“小姐长得好漂亮，是哪里人呀？做什么工作呀？我们找个时间，喝杯咖啡、看场电影吧？”女子敷衍地回答着，男子却一直在问。

问了六遍后，女子说：“这周不行，这周我要准备结婚，下周再说？”男子很尴尬。其实，女子还是单身，并不是真的要结婚了。然而男子不停地追问令她很苦恼，所以编出了一个借口将他打发掉。

总的来说，打破砂锅问到底的精神确实非常重要。比如在商业谈判、学习和讨论重大问题的情境中，不能留下问题的死角，必须追问到底，事无巨细地了解清楚。但这一精神并不适用于所有的提问——明知无望，还继续追问，这就不是一种积极的精神，而是一种迂腐的缺点，会显得这个人不懂变通，不识时务。就像前方的道路被禁行时，你要做的不是继续向前，而是换一个方向，千万不要钻进死胡同。

第十章

组合式提问，快速找到你与对方的共识

发现对方的“预设结论”

◆◇

现实中，熟人之间往往会说：“你刚一开口我就猜到你要说什么了。”有时，婚后很多年的夫妻也会有这样的对话，仿佛他（她）和你的神经是连为一体的。

对此，你会相信他（她）吗？恐怕很多人会觉得这根本就是乱吹或者是胡猜——他（她）又不是我肚子里的蛔虫，怎么可能知道我会怎么说、我想怎么说呢？于是对这种论调不屑一顾。

实际上，对于真正的对话高手来说，这并不是一件完全不可能做到的事。因为他们往往从一开始，就能发现对方心中的“预设结论”，或者从对方的第一句话就能判断出他到底想说什么。那么他们是如何做到的呢？

第一，从对方的角度出发去思考问题。首先，要从对方的角度出发去思考问题，要养成这种好习惯。提问是一个双方互动的过程，你要用组合式的问题和对方互动，而不仅是从自己的角度提出一个缺乏变通的问题。其难度就在于你无法掌握对方的思维方式、语言习惯，但这却是有规律可循的。

不信的话，你可以试着问身边的熟人一些问题——你会发现很多情况下你们会心有灵犀一点通。这是为什么呢？就是因为你熟悉他，你了解他的思维方式和语言习惯，因而能对他未来的行为做出正确的预判。而对于那些不了解的人，我们就只能通过调查或是大量阅读有关这个人的资料来尽可能地了解他了，很难做到对方言未出，你就知道他想说什么。

第二，用发散思维去准备问题。想要发现对方的"预设结论"，我们也要学会用发散思维去衡量自己准备提出的问题，不要僵化保守地固守老一套。所谓的发散思维，就是尽可能地从更多的角度去思考同一件事。打个比方，如果提问："你喜欢什么类型的书呢？"这时，就可以从传记、励志、情感、小说、人文等多角度准备，同时这几种类型又可以继续细分，使问题更有启发性，也更有趣。这就是组合式的提问。

总之，在提问之前，应该对答案有所预判。如果没有全面周到的思考，没有对答案进行初步的预判就直接提出问题，很可能得到对方草率的回答。

第三，加强自己的提问技巧。除了站在回答者的角度思考问题，认真地准备提问外，想要把握对方的"预设结论"，我们也要加强自己的提问技巧。因为相同的问题用不同的方式表达出来，效果也大不相同。

哈莱尔说："充分了解和你谈话的这个人在想什么，会说什么，他的脾气、欲望、需求等，这时你会发现自己头脑的'桌面'上摆着一个文件夹，里面写着适合对付他的策略。每个人都有量身订做的提问方案，提问方式不是千篇一律的。"

请牢记一点，不要感情用事，不要不懂变通。要尽可能有技巧、有针对性地提问，这样就可以最大限度地引导对方的思路，让对方说出我们意料之内的答案。我举一个最简单的例子，比如你问对方："什么时候见面好呢？"对方的回答很可能会出乎意料："我很忙，有时间再说吧！"但是如果换个方法问："我们是周三见面，还是周五见面呢？"他会怎么回答？他可能会说："哦，那就周五晚上吧！"这就是技巧。

这时，我们对他的回答给出一个正确的预判的概率就变大了。因为我们已经为他预设了两个选项，他仅能在周三和周五之间做出选择。那么，提出约会的成功率就获得提升。

分辨基于立场的结论

◆◇

我们的谈话对象都是有感情的人，而我们说话的内容也是带有一定感情色彩的。只要有感情倾向，人就有立场——并且这个立场多数时候不是客观公正和中立的。但是，在特定的情况下，我们可以通过提问来分辨对方的具体想法是客观的还是带有立场性的，从而为下一步的深入交流打下基础。

某社区被要求在限定日期内拆除小区门口的露天菜场，改建成为一座社区休闲场所。但因为这个社区居住的大多数人为老人，附近又没有大型的农贸市场，所以很多居民不赞成菜场被拆除。为此，一些老人上街抗议，希望能改变项目方的想法。

一名记者来到这个社区采访，但他并不了解社区负责人对这件事情的态度，若是访问的切入点不当，很容易引起对方的不悦。

他想了想，决定先从情感上与对方达成共识，他对社区工作人员说："我知道，你们要完成这个项目需要克服许多困难，拆除菜场估计会遇到不小的阻力，而且时间紧任务重，你们一定也感到为难吧？"

社区的工作人员说："虽然时间紧任务重，但我们觉得这毕竟是个有意义的项目，露天菜场虽然方便了居民生活，但确实也存在着环境混乱、管理不到位等很多问题。我相信，通过与社区居民的耐心沟通，一定会将这个项目顺利地进行下去。而这次改建对于改善社区环境来说是利大于弊的。"

谈话至此，记者了解到这名受访者是这个项目的支持者，他可以借机展开话题，对一些比较尖锐的问题进行深入采访。

就是说，通过正确的提问，可以尽快了解对方的立场。在这个前提下，你就能分辨出基于这个立场，他会给出你一个什么样的结论，这个结论是否客观？是否代表了他所在的利益阵营？对于这些问题，你就能提前预判，做到心中有数。如果可以，根据对方的立场表现出一定的认同感，就会让对方舒服很多，也有利于为整个交流确定一种舒服的基调。

场景1：谁是谁非

因为周末去哪儿吃饭，深圳一位女士跟闺密有些小分歧。

女士："去福田那家日本料理店吧，听说味道非常棒。"

闺蜜："不，去我家楼下那家韩国餐馆。"

女士："你明白我在说什么吗？"

闺密冷笑："当然明白，你只是想借机去附近的美容店逛逛而已，但我不想去。”

场景2：我理解你，但你也要理解我

赵先生和王先生是多年的好朋友。有一天，赵先生有事找王先生帮忙，这件事非常棘手，王先生不想插手。

赵先生：“咱们多少年的好朋友了，这点小忙你都不帮？”

王先生：“我当然很想帮你，也很理解你的难处，但你也要理解我，因为我跟对方是利益相关方，如果我去帮你说情，就有营私舞弊之嫌。这样吧，下次我帮你介绍一个业务，弥补你这次的损失。”

赵先生：“好，你这么说我很高兴。”

在场景1中，闺密两人互不相让，也互不理解，各有自己的打算。去哪儿吃饭并不是问题的核心，因为事实上去哪儿都可以。核心问题是，两人都希望去那个自己更方便的地方。这就是立场不同导致的观点不同，是非常简单的例子，生活中到处都是。

在场景2中，处理这类问题时，王先生的做法就值得我们学习——要让对方明白自己的苦衷，并充分理解对方的立场。同时，我们要学会提出一些新的问题或者新的建议，来解决立场不同产生的沟通障碍。

反过来说，假如我们学会分辨对方的立场，能够从中获得的另一个益处是：你能很快发现对方的结论是出于公心，还是他个人的私利。在这个基础上，你就可以从容地提出“质疑性”的问题，驳斥他的观点，或者请他做出进一步的说明。

打破假共识，寻找真交集

◆◇

在平时的交谈中，我们总是很容易对“好的信息”达成共识——各方均得利的好消息——人们喜欢听到好消息。而对于坏消息，却不愿意承认那就是真的。尤其在利益有所分歧的问题面前，假设一人得利，另一人受损，这个话题就聊不下去了，一些表面的共识也将破碎，双方的沟通就会出现裂痕。

比如，A说：“今天是个好日子，我买的那只股票涨了3%，大赚一笔，你的呢？”B冷冷地答：“哦，我的就算了吧，跌了3%。”昨天，双方还在兴奋地交流炒股经验，今天再碰头时就变成了一冷一热。原因不是有一个人对股票突然不感兴趣了，而是他听到的是坏消息。

这时你的选择是继续沟通，还是回避对话？

事实上，如果我们总是积极地谈论一些好消息，避开有利害冲突的坏消息，看起来双方一派和睦，其乐融融，像是就某些事情或者某些方面达成共识，双方是没有建立信任感的。在与“危机事项”有关的对话中，双方不存在任何的交集。在接下来的谈判中，危机事项一旦被点燃，就会推翻之前达成的一切“假的共识”。

为了应对这种经常发生的局面，你需要做什么呢？答案就是：寻找真正的交集，制造双方的共鸣。

拿炒股来说，双方的共鸣是什么？是“我们要赚钱”。没有人炒股不是为了赚钱，那么此时A要做的不是继续炫耀自己的那只股票涨了几块钱，而是站在B的角度分析为什么他的股票下跌了，以及未来的走势。这是对方感兴趣的，也是一个真正的可以形成共识的话题。

美国有一位心理学家曾经观察过多位著名演讲家的演讲过程，他发现这些演讲家之所以能够牢牢地吸引听众，是因为他们在演讲时十分懂得如何引导听众，调动人们的热情，让听众认同自己的观点，并且在交流中产生强烈的共鸣。

他介绍说：“他们所讲的故事与案例，一定是具有代表性的，是人们生活和工作中普遍的体验，从经历上就与听众达成了共识。之后，他只需要引出自己独特的见解，就能抓住听众的眼球，震撼人们的心灵。”

如何寻找到真正的共识呢？一切有利益存在的地方就有一定有必要的“交汇点”。即便分歧最严重时，只要细心观察，仍然能找到你和他同时涉及的利益交集。

第一，要尊重对方的利益，并真诚地、全面地询问。不仅如此，对于双方的个性也要保持足够的尊重。你要容忍对方的某些你“瞧不上”的性格，或者某些你并不认同的行为。在这个基础上去寻找真正的交集，并达成共识。在沟通和团队的协作中，这就叫求同存异。

第二，要发现和建立共同的志趣，统一立场。这样可以让双方真正达到“志同道合”的程度。志同道合才是一种友好合作的状态，有了这种志趣上的共性，立场就能统一，你和他的交流就会顺畅许多，双方才能有后续的、顺利的合作。因为在这个时候，你们的立场是一致的，对于问题的结论也才是完全相同的。

“合理结论”的三个支点

◆◇

我们知道，得出一个合理的结论要有三个支点：论点、论据、论证。这说明对结论不能光看表面，而需要批判性思考，从论点、论据、论证这三个点进行分析。在高级别、重要的对话中，假如有一个支点被攻破，结论的合理性就应该而且一定会遭到质疑。

• **合理证据推导出合理结论。**曾经有这样的一篇报道，说的是欧洲某一个调研小组统计了3000名肉食者的平均寿命，发现是79岁。同时，他们统计了3000名素食者的平均寿命，是84岁。于是，根据这份统计，调研小组得出了这样的结论：素食者远比肉食者更长寿。

吃素比吃肉更健康？因为这份报告，许多媒体开始鼓吹老人们选择食素，从而延长他们的寿命。他们把这份报告当作圣经，仿佛找到了吃素最科学的依据。但实际上，即便这3000名肉食者的平均寿命小于素食者，也并不能精确无误地证明素食者比肉食者长寿。两者间没有必然的联系。

为什么呢？

因为没有直接证据能够证明这3000名素食者长寿，正好是因为他们吃素的缘故。现实中，很多素食者拥有强大的精神信仰，不仅不吃肉，而且忌烟忌酒，注重保养，生活作息规律。所以，我们没有办法判定他们的长寿到底是因为吃素，还是因为忌烟忌酒，还是因为平日里就注意养生的好习惯？

而且，影响一个人是否长寿的因素是很多的。那些肉食者自身也可能存在很多问题影响了自己的寿命，比如不良的生活习惯、不同的工作性质等，不单单因为吃肉而导致寿命减少。

谈到这个案例时，我对自己的一名部下说："就像为了证明吃素比吃肉更长寿一样，在你批评下属时，如果你拿出的证据是有纰漏的，哪怕仅有一个很小的方面站不住脚，所有的批评都将变得软弱无力，不堪一击。面对下属工作中的问题，你要学会提问而不是批评。从各个方面对他的错误提出专业的询问，听一听他的回答，再从他的回答中寻找客观的证据。"

在此之前，这名部下严厉地训斥了一名犯错的业务经理。他没有骂错人，那个家伙确实把一个项目搞得一团糟糕，可他却举错了例子。因此那名业务经理并不服气，转眼就把投诉报告递到了我的办公室："上司冤枉我，我认为他故意整我！"

我说好，告诉我出了什么问题。他委屈地说："上个月，我们在伯克利举办的一次培训活动，我把受邀人数统计为320人，并按这个数字做了后勤保障，但实到人数是410人。我知道自己犯了错误，应该为活动人数预留20%的空间。培训结束后，上司把我叫过去，他认为我预算报多了，有些钱不知去向。我发誓，自己绝没有在预算上动手脚。”

在这次事件中，业务经理的上司没有拿出过硬的证据指责下属在财务方面的问题，因而即便他确实把一个项目搞砸了，上司的指责也因为证据不足而显得苍白无力。

这正是我们要严格注意的问题：一个合理的结论，要有充足的证据支撑。否则当你向他提出问题让他解释时，你的质疑就是没有底气的，对方完全有机会反驳你。

也就是说，如果某人声称某一件事是真实发生过的，或者是必须这么做的，却又找不出合理的证据来佐证自己的观点。那么，他的提议就不是应该被认可的结论，因为他没有提供可供参考的证据。充其量，他的提议只是其个人的期望。

同时，一旦就某一件事得出了结论，我们就应该将结论作为评判的基础和焦点。此时，你最应该提问的是：“根据你所提供的证据，可以推导出这个结论吗？”

- **逻辑错误的提问不可取**。如果你喜欢吃橘子，那么你就喜欢吃橙子；如果你喜欢吃橙子，那么你就一定喜欢橙子味道的芬达汽水；因为你喜欢喝芬达汽水，那么你就一定喜欢吃橘子。

像上面这样的推论，就是一种典型的无法推导出客观结论的“逻辑谬误”。人们总是喜欢玩“因为……所以……”或“如果……就……”的逻辑游戏，把这些逻辑用到对话中，提出一些并不客观存在的问题，这让对方怎么回答呢？

比如有的记者问受访者：“你今天这么高兴，是不是因为这个活动举办得很好？”

受访者一定感到奇怪——我高兴也许是因为自己得到了一张免费门票，或许还因为我昨天刚发了工资，为什么一定是因为这个活动呢？

类似的逻辑错误在现实中比比皆是，你在一些诡辩的场合经常能够听到。他们为了说服你而发挥自己天马行空的想象力，逻辑路径曲折宛转，给出的论据或许能够支撑某种结论，却无法得出我们真正想要论证的那个结论，只能是他们想要的、希望看到的结论。

例如，从喜欢喝芬达汽水推导不出一个人“喜欢吃橘子”，芬达是芬达，橘子是橘子，喜欢喝芬达的人不一定都喜欢吃橘子——也许他恰巧就喜欢喝各种汽水。同理，喜欢吃橘子的人也不一定就喜欢喝芬达，也或许他连除橘子味外的其他东西都是不喜欢的，却只单单喜欢吃橘子呢？所以，不要看见一个人喜欢吃橘子，就想当然地问他：“想必你很喜欢芬达汽水喽？”这样的提问，很可能会引起别人的反驳，也不一定会得到你想要的回答。

附 录

提问的30条核心原则

有人通过提问，合理地说服他人，得到生活和工作中的机会；有人通过提问，建立良好关系，获得他人的帮助，增进了双方的理解；有人通过提问，获得大量的有效信息，从而助益了自己的人生。不同的提问方式，结果大相径庭。

本书总结了30条“与众不同的提问原则”，让你掌握提问的本质，学会提出好问题，并驾驭任何类型的对话。

第一条：理解原则

• **避免有威胁性的问题**。这是一条基本原则。当你想与他人深入交谈前，你就应该注意，不要从过于私密、过于有威胁性的问题开始，以免对方无法回答，造成冷场的局面。假如你的问题具有一定的威胁性，对方将采取自卫的措施，那时你就达不到沟通的目的。我们的目的是拉进彼此的距离，互换重要的信息，所以应该尽量从一些让人舒服的话题开始。

• **理解和同情**。有时，仅仅问一些令对方感觉很舒服的问题还是不够的。作为一名优秀的提问者，我们应当了解到，你的谈话对象是有感情的人，那么说话的内容也应带有感情。一个干巴巴的问题如何打动人心呢？问题的根本在于理解，要通过自己的问题，表达出对于交谈者的理解和同情，让他体会到诚意，来提高对方回答的积极性。

第二条：兴趣原则

- **提出对方感兴趣的问题。**和我们写文章一样，平铺直叙并不能吸引读者的阅读兴趣。一本好书，一定是从一开始就对人具有很强的吸引力。若在开头提出新颖的问题，便能激发读者的兴趣，让读者产生继续读下去的渴望。提问和沟通也是如此，提出一个有意思的问题，让对方想不回答都难；提出一个对方感兴趣的问题，他就会主动跟你聊，并且能敞开心扉。
- **引发双方的共同思考。**努力提升问题的质量，多提一些能够引发他人思考和兴趣的问题。无论是谈判、交流、寒暄，都应该想方设法提一些让双方共同感兴趣的问题。学会用问题去敲击他人的好奇心，这样你才有机会获得他人的关注。在交流的过程中，要对问题、事物进行探讨，了解各自的见解。
- **吸引对方提出问题。**在提问中表达你的兴趣非常重要，它会改变他人对你的印象，加强彼此的亲密关系。当有人对我们的做法感到好奇并提出问题时，我们会产生很大的满足感，很乐意为对方解释，进而开启一段深入的交谈。所以，一个好的提问，必然能吸引对方提出他们自己的问题，和你产生热烈的互动。

第三条：氛围原则

- **好问题还需要合适的场合与氛围。**在追求浪漫的韩剧中，经常出现这样的桥段：夕阳西下，优美的背景音乐响起，帅气的男士穿着笔挺的西装，单膝下跪向女孩求婚，女孩感动地热泪盈眶，激动地回答“我愿意”。整个场景的营造，让那位男士的提问充满难以回绝的美感。有时，我们提问的内容并不重要，更为重要的是场合和氛围。提问的场合越合适，获得积极回答的概率就越大。

• **掌握提问的时机。**一次和谐的交谈需要良好的氛围，但我们不可能永远都掌握提问的环境。不过，我们可以尽力去寻找合适的时机，以提高询问的效果。在提问前，我们至少要有这样的意识：“对方此时是否有时间给予回答，怎样的场合更方便我去提问呢？”

• **在对方空闲时提问。**不顾实际情况而盲目地去询问，往往是徒劳的。比如，当一个人正在忙东忙西，你却要求他停下手中的工作听你的问题，对你解释一些他现在无暇关注的事情，难免会惹得对方不悦。要注意提问的时间，了解回答的对象，使用恰当方式在对方空闲时提出问题，才有机会和他深入交流。

第四条：倾听原则

• **不要自说自话。**谈话不是一个人的“独角戏”，如果你从头到尾都自说自话，就无法了解对方，对方也不想了解你。有时候，我们应该多做倾听者，而不是表演者。要将倾诉的机会让给他人，让对方多讲一讲，通过不断地提问和倾听从他那里获取更多的信息。

• **多向对方提问，然后倾听。**鼓励他人进行深度对话或者多说一些，是每个优秀提问者应具备的基本素养。想要赢得他人的理解和认同，就要多向对方提问，以表达你的兴趣和关心。根据他讲述的内容，进一步地提问，不断地引申话题，这样会让你们之间的对话和沟通更为顺畅。

• **根据对方的需求提出你的问题。**“能多跟我聊一聊这个话题吗？”这是一个随时都能用上的有效问题。接下来再这样提问：“为什么是这样？接下来怎么样了？”弄清楚对方的需求后，我们才会知道该如何继续交流，而对方也会从你的提问中感受到你对于他的关心和重视。

第五条：话题原则

• **问题要合理。**德国大文豪歌德说：“如果你想得到一个明确的答案，就要先问出合理的问题。”

提问从来不是一件简单的事情，我们提出的问题要恰到好处才行。如果不注意分寸，很容易聊出糟糕的事情来。这表明，要选对话题，别人才愿意跟你聊。

• **话题要符合对方身份。**话题和对方的身份密不可分。特别是与第一次见面的人交流时，为了避免出现尴尬的局面，达到良好的交流效果，就要学会观察对方的身份，再提出恰当的问题。一个简单的例子，你不能向警察请教如何偷东西，恐怕也不能问一个犯罪的银行家是如何在金融市场洗钱的。因为无论你说些什么，对方都将根据你引出的话题进行相应的反馈，只有身份符合，他才能真心地跟你交流。

• **话题要符合当下情境。**引入恰当的话题提问，特别是符合当下情境的话题，它将促使他人产生强烈的表达欲望。相反，如果你提问的话题与当下的情境不合适，比如，吃饭时问他如何清理马桶等，就只会使交流双方感觉很不自然。找到一个合适的话题，如何自然而然地引出你想要的问题，这是我们应该掌握的技巧。

第六条：有效原则

• **喜欢讲话，更要喜欢讲有效的话。**一个人喜欢讲话并不是什么缺点，也没有坏处，但和人交流时则要交流在点子上，不要总说废话。要通过一个有效的问题，帮助自己收集到更多的信息，对于事物才能够做出更加准确的判断。就是说，提问要追求有效性，而不是漫无目的。任何形式的沟通都应如此。

• **避免总体性的问题。**“你喜欢什么样的电影？”“你喜欢去什么地方旅游？”很多情况下，这种总体性的问题对方并不好回答，因为这类问题需要长时间的思考，也很难让对方有所触动，感觉是无从回答的。这时，具体的问题反而更有效。你不如具体地提出某一方面或某一部分的问题：“你喜欢某部电影吗？”“你觉得杭州是一个旅游的好地方吗？”这样的问题就是有效的，你和他能够快速地进入到互动的对话之中。

• **既然开口提问，就要问到要害。**过于空泛的提问意味着“没话找话”，只会让人倍感无聊。想要让人愿意跟你继续沟通，就要提问到对方所关注、在意或利益相关的重点区域，问到要害，这样才能打开对方的话匣子，深入地交谈下去。

• **目的是获取有效的信息，不是消耗时间。**提问的根本目的在于获取信息，而提问的过程同样也是对已知信息进行分析整合的过程。所以，要学会在无数真假难辨的信息中找到真正有效的信息，不要浪费时间在那些客套和寒暄之中，这样的提问才能够事半功倍。

第七条：正面原则

• **多提出正面问题**。一个经验是，提出正面的问题往往会得到对方积极的回答，这种提问能让人拥有好心情。相反，提出负面的问题，会使对方联想到不愉快的场景，很容易影响沟通的氛围，也不利于交流的继续进行。所以，在沟通的开始，应该尽可能多问正面的问题。

• **提前设定积极的理解**。我们知道，负面的问题容易得到否定的答案，而正面的问题通常可以得到肯定的回答。如何提出正面的问题？诀窍在于"提前预设"一个正面的结论。比如："您觉得这个人有哪些值得尊敬的地方？"这是提前给出了一个设定：这个人是值得尊敬的。

又比如："您想要点些什么，水饺还是米饭？"作为提问者，我们提前便已经设定：顾客需要点东西吃。对方回答时能给出的大部分答案也都是积极和正面的。

第八条：赞美原则

• **激发对方表达自我的欲望**。每个人都喜欢表现自我，特别是当自己做成功某件事时，特别希望说出来，以获得他人的赞赏。表达自我是人之常情。因此，提出可以赞美对方行为的问题，可以最大限度地激发人们内心表达自我的欲望，从而让他们对你畅所欲言。

• **发现并赞美对方的优点**。在人际交往中，善于发现别人的优点，并真诚地表达赞美，将会给彼此留下极佳的印象。你可以换位思考一下，假如有人对你的得意之事表示关注，你会觉得他至少是认可你的。如果他真诚地赞美你，你更会觉得受到了对方极大的肯定。提问者也可以在提问时赞美一下对方，以便迅速地得到对方的心理认同，进而取得对方的信任。人在高兴时，总是容易多聊几句，这也是人之常情，有利于你迅速与之建立密切的联系。

• **赞美应符合实际**。赞美的提问应当以实际情况为基础，不应夸大其词。这个实际情况的范围很广，比如对方的家庭、装扮、学识、爱好等，也可以夸赞与对方成就有关的东西。总之，一定要有实际情况做基础。一个基本的原则是：对方在这方面确实非常优秀。否则就不是赞美，而有溜须拍马之嫌了。

第九条：命题原则

• **命题要考虑你们双方的条件**。与人初次相见，如何知道对方对于什么话题感兴趣呢？其实这个问题很简单，你可以设法在最短的时间内，通过观察对方的衣服、配饰、手机、香烟，或者是注意他的交通工具、住所地址和职业等，以此推断对方可能对什么话题感兴趣，再用试探性的问题去了解对方。在考察这个问题时，要把你们双方的条件放到一起对比，寻找交集，然后找到一个合适的命题。

• **懂得转移命题**。当对方对你提出的命题产生兴趣以后，你们就可以继续交流下去，但如果对方对你提出的命题兴趣不大时，需要适时地转移，提出一个既让他感兴趣同时也符合你需要的问题。沟通时要学会变通，从一个合适的命题进入，才能掌握局面，驾驭你们之间的对话，问出自己需要的信息。

第十条：换位思考原则

• **喜欢了解别人。**美国著名成功大师戴尔·卡耐基（Dale Carnegie）曾经说过："试图了解别人，对别人感兴趣，那么在两个月内你会交到很多朋友，如果你只专注于让别人对你感兴趣，两年也交不到多少朋友。"在与人交往中，人与人的换位思考十分重要。要从对方的角度出发，站在对方的角度思考后再提问，以理解对方为基本的切入点。因为没有理解，就难有进一步的沟通。

• **先思考对方想要的东西。**所谓的换位思考，就是多想一想对方需要什么，再看看他的需要能否与自己的需要结合起来。真正善于提问的人，他们懂得多提问对方愿意讲的，满足他人的倾诉需要和内在的表达需求，用这种方式真正地打动人心，让对方把一个问题聊透，还能为自己积累好的人缘。

第十一条：事实原则

• **质疑应该以事实为依据。**很多提问本就是一种设疑——如何从对方的回答中得出正确的答案，打消自己的疑问？猜测可以，质疑也可以，但却应该以事实为依据。一厢情愿的猜测和质疑是不可取的，情绪化的质问更是大忌，因为没有人会喜欢别人把想法强加给自己。所以，当你开始质疑式的提问时，最好掌握一定的事实依据，而不是随意猜测。否则，很容易引起对方的反感，得不偿失。

第十二条：准备原则

• **提问之前多想想。**很多人都有这样尴尬的经历，有时对一些问题并不想问，但却偏偏说了出来，然后就开始后悔自己怎么如此口无遮拦，接着只能频频地向对方道歉。一旦出现这种局面，双方的沟通就很难正常进行下去了。所以，在提问之前多想一想：“我到底想问什么，我应该怎么问？”不要想到什么说什么，要合理地组织语言，斟酌用词。事前做好准备，沟通时就不至于尴尬。

• **良好的准备是成功的前提**。在沟通之前做好充分的准备，只有这样，才能胸有成竹，更多地掌握对话的主动权。在提问之前，要多做准备，特别是收集对方的情况，需要沟通的问题的资料、信息等。没有人会随随便便成功，也没有人能张口就提出令人拍掌称赞的问题，这一切都来自于背后的努力。只有目的明确的人，才会用心去做。学会提问，并不是为了提问而提问，而是为了解决实际的问题，因此准备功课必不可少。

第十三条：距离原则

• **追求等距离的沟通**。人与人的交往总是在寻找一种合适的距离，彼此遵守对方的交友规则，互相尊敬，令双方都能感到舒适自在。聊天时尤其如此，距离感非常重要，但这个距离不可能从一开始就找得很准，而是需要不断地调整，根据对方的表现以及双方的关系进度来调整自己的位置，以保证双方的物理和心理距离始终维持在一个健康的水平。一旦有人挑战或破坏等距离法则，比如过于靠近、话题和语气没有约束，就会让对方有一种被攻击和被侵犯的感觉。

所以，为了与人安全地相处，我们要对距离保持足够的敏感，同时要学会自我约束，划定出一个安全的界限。当这个界限随关键的进展发生改变时，也要具备相应的调节能力，让双方的良好互动维持一种动态的平衡，避免因为边界的模糊造成误会，破坏双方的关系。

第十四条：说服原则

• **充分运用提示和引导式提问。**我们经常说沟通，现在每个人都在谈如何沟通，研究怎样说服别人。那么沟通的目的是什么呢？直白地说，确实是为了说服，说服别人听从自己的意见。比如，在商业谈判中，人们会汇总各方面的知识以达到说服对方购买自己的产品或者签订合约的目的。

但是，在说服一个人的过程中，搬出一大堆道理来压倒对方的方式通常是没有效果的，“以理服人”听着很对，但现实中未必就有效果。正确的方法是提示和引导，让被说服的一方进行“自我说服式的催眠”，以顺理成章地得出你所期望的结论。

提示和引导式聊天的第一个方法是：使用因果连接式的聊天，用“而且”“但是”“并且”引出话题转折。

如果你是一个房产经纪人，当你向客户介绍一套房子时，你需要从各个方面说服对方购买这套房子，但是之前你已经叙述了很久，这时客户还犹豫不决。你可以这样说：“先生，我知道您可能正在衡量房子的价格问题，而且您也了解了这套房子的优点，确实品质不错，并且相信您一定也了解，现在这个行情下，品质和价钱两者没办法兼得，因为一分钱一分货嘛。”这样，客户就会把自己的顾虑告诉你，从而让你更好地了解客户的真正需求。

提示引导的第二个方法是：使用联想引导式的聊天。

假设你是一位保险推销员，你要推销一份人身意外险给客户，你可以这样说：“其实，我们考虑买保险就是为买个保障，有了这份保障，会省去未来很多不必要的忧虑，虽然眼前看不到什么收益，但它就像存在银行卡上的数字一样让人有安全感。”使用这种联想引导的聊天方式，就会使顾客的抗拒心理降低很多。

在使用提示和引导法的时候一定要注意：避免使用否定式的语言，多重复、肯定、叙述对方所赞成的观点，明确对方现在的心理状态，抓住引导的重点，保证沟通的顺利进行。

• **二选一的提问方式。**生活中，我们在让别人做一些较为艰难的选择时，对方常常会陷入两难的境地，问题的症结就出在我们并没有给对方太多的选择空间。比如，一对情侣去逛街，女孩看了很久都没有下手，于是男孩就问女孩：“你要不要买？”其实，女孩纠结的不是买不买的问题，而是买哪一个的问题。正确的问法是：“你喜欢A还是喜欢B？”“你想要这一个还是那一个？”

再比如，你想约一个人看电影，不要问对方有没有时间，你应该问：“是周六还是周日？”“晚上6点的票还是7点的票？”因为你问一个人有没有时间去看电影，你会得到两个答案：去或不去，你只有一半的概率能把对方约出来，但如果你给对方的选择都限定在“去”，那么，你成功的概率就大大提高了。要给对方充裕的选择空间，但不要给对方否定的机会。

不过，二选一法则并不适用于所有的情况，如果对方并不与你相熟，要求他做选择可能就会有点唐突。比如对于销售来说，如果对方对你的产品没有任何兴趣，贸然让对方二选一则会碰一鼻子灰。所以，运用二选一的法则一定要讲究时机。

• **用对比的方式沟通**。有一个10岁的美国女孩，她特别想要一辆自行车，但她的父母告诉她："你可以拥有一辆自行车，但是要自己赚钱去买，我们相信你的能力。"于是，女孩便利用每天放学的时间以及寒暑假去卖饼干，令人惊讶的是，这个女孩竟然在一年内卖出了4万包饼干。

饼干公司的人发现，即使是他们公司最能干的人，也没有在一年内卖出过这么多，这个小女孩是怎么做到的呢？

原来，女孩每次上门推销的时候都会带上一张价值30块钱的彩票，当别人打开门时，她会先做一个自我介绍，因为自己想要一辆自行车，所以就在空闲的时间出来卖彩票。接着，她会告诉对方，只需要花费30块钱，也许就能赚到100万。但几乎每个人都觉得彩票太贵而不愿意购买。女孩被拒绝后并不放弃，而是一直坚持说服对方，尽管人们都很同情她，但仍然不愿意为自己的同情心掏出30块钱。

这时，女孩就会把彩票收起来，转而拿出10包饼干，做出很可怜的样子说："我这里还有10包饼干，只要两块钱，你愿意买吗？"通常情况下，人们立刻就会同意了。

小女孩运用的就是对比原理：30块钱的1张彩票相较于两块钱10包饼干，价格的高低和实惠度立刻就有了鲜明的对比，人们很容易接受后者。

这种沟通中的对比原理被普遍应用于销售行业。比如，一款化妆品标价上千，价格可谓不菲，你可能不愿意购买，但如果柜员对你说："您看着这1000块钱好像很贵，但这款产品可以用半年，也就是6

个月，180多天，平均到每天也就五块多，您每天喝杯咖啡也不止5块钱，对不对？何况化妆品用到脸上，就等于在给您的青春保值，您现在每天花5块钱就能留住青春，等到老了，可能一天花500块钱也换不回青春了。”

把一次性投资1000块化解成每天只需投资5块多，这种对比式的解释，就很容易让人接受了。

第十五条：提问原则

• **你一问我一答，这样才能形成有效的沟通。**好的提问能让话题延续下去，进行深入的讨论，营造热烈的谈话气氛，而缺乏技巧的提问则会导致“查户口”式的冷场局面。在聊天时要学会聪明地提问，抛出有吸引力的话题，和对方产生互动。当需要你回答时，不要用生硬的语气，也不要给出冰冷的、模糊的答案，这会让别人产生反感的情绪。

第十六条：互动原则

• **提问的目的是形成互动。**所有的沟通都免不了互动，互动是沟通的第一原理。即使没有说话，双方处于同一空间，在同一个聊天的氛围中，情感和信息的互动也在默默地发生。这种沉默的互动被称作默契，越是有默契的两个人，需要语言沟通的互动就越少。但这并不意味着你就可以什么都不做。所以，当你与他人处于同一个空间时，行为和肢体也在传达着语言信息，要学会避免不友好的互动发生，建立主动和友好的互动，适时地传达你对他人的关切。

第十七条：给予原则

• **先给予对方，再寻求交换。**先提供你的价值，再看看能交换什么。如果你要找工作或者寻求与别人合作，如何与对方沟通？首先应该讲的是自己能为对方带来什么价值，而不是上来就说你想要什么。

我见过很多求职者或者有求于别人的人，开口就问对方能开给他多少薪水、有什么福利、工作环境怎么样、能为他提供多少帮助，却不谈论自己能给公司贡献多少、能为别人做些什么。没有人喜欢一味索取的人，哪怕是你最好的朋友，也不会总是无条件地帮助你。想要别人选择帮助你，为你排忧解难，一定要给对方一个“为什么选择你”的理由。

第十八条：同理心原则

• **不要对他人的痛苦视而不见。**别人的痛苦谁也不可能深有体会，除非你亲身经历过。会聊天的人总能最大限度地理解别人的痛苦，懂得怎样安慰对方。但他不会要求别人对自己这么做，他不会没完没了地叙说自己的痛苦，因为这容易把负能量传染给他人，而且还会招致别人的反感。

• **当别人犯错时，不要做马后炮。**每个人都会犯错误。尽管事前我们可能善意地提醒过对方，但对方仍然那么做了，而且现在后悔了，那就不要再过多地指责他。“我早就告诉过你”这种事后的批评除了让对方感到羞愧，并不会产生任何积极的作用。我们要帮着解决问题，而不是指责。所以，当他犯下错误时，不再提之前的事，多去安慰和帮着他想办法，这样对方才会真正感激你。

• **懂得救场的技巧。**在聊天的过程中，经常会出现话题被打断的情况，如果说话的人突然被意外打断了，总会感觉尴尬。记得要在恢复聊天后问一下对方："刚才你要说什么？"这种提醒既能表达你的善意和理解，也能让对方感觉自己受到了应有的尊重。一个会救场的人普遍会受到人们的欢迎。

第十九条：控制原则

• **控制好边界线，维持双方的互相尊重。**一种良好健康的关系，一定有着一条清晰的边界线，它划分出了双方在这段关系中的义务和责任，控制着一段关系能够走多远。而双方对于边界线的认定和维护水平，则体现出了双方对于关系问题的处理是否具备足够的能力，这种能力也体现在沟通上。

沟通时的边界线真的有那么重要吗？是的，关系边界线就像领土分界线一样，宣告着关系中的"领土主权"，若边界不清晰，双方又皆为控制型性格，则常常会爆发"关系领土"的争夺战。

如果分界线过于生硬而缺乏通透性，则双方很难拥有亲密关系，共享区域的缺失会导致关系的形式化，比如夫妻关系中的相敬如宾，恰恰可能就是不够亲密的表现。一般来说，相敬如宾的夫妻谈话总是流于表面，难以触及深层问题，做不到坦诚与有建设性地交流。

如果分界线缺乏弹性，双方的关系过于严谨，则会缺乏宽容，彼此磨合起来就比较困难，关系也难以递进。体现在沟通中就是互不相让，彼此不理解，也不愿意换位思考。

如果边界线没有融合性，双方也很难达到一种关系亲密的境界，就像路人一样，客套的沟通，礼貌的接触，彼此留不下深刻的印象。最后，如果边界线不具备可塑性，每个人都不想自我调整以适应对方，则显示了这段关系是很脆弱的，无法经受挫折和磨难的考验，他们之间的沟通必然是低效或无效的。

第二十条："第三方"原则

•通过"第三方"打开聊天的局面。如果你正跟一个人聊天，却发现实在没有什么可聊的，可以找一个彼此熟悉的"第三方"作为话题，打开聊天的局面。也就是说，为你和他之间的话题主动加入第三方元素，搞活聊天的气氛，找到新的话题，进而掌控局面，避免冷场。

比如，你可以说："喂，你听说了吗？咱们大学同学某某开了一家外贸公司，生意做得特别大，都上新闻了。"然后对方就能接过这个话题："真的吗？上学时期他就开始做各种兼职，经常参加校外活动，真是功夫不负有心人哪！""是呀！还有那个某某，听说混到了华尔街……"如果顺利的话，你就会发现你们之间的话题越聊越广，聊到大学的生活，聊到那些记忆深刻的人，有趣的话题就这样展开了。

使用"第三方"原则有一个务必需要谨记的前提：永远不要在背后说另一个人的坏话，糗事趣事可以聊，但一定不能给任何一个人抹黑，因为你无法保证自己的话会不会被添油加醋地传扬出去。

第二十一条：快乐原则

•沟通是为了创造快乐，所以要远离"垃圾人"。大多数时候，我们聊天是为了愉悦心情，让自己也让对方感到快乐。但生活中却有很多“垃圾人”，他们浑身充斥着负面情绪：抱怨、消极、悲观、焦虑、怨恨、不友好……遇到了一点儿问题，就好像全世界都在与他们作对。他们就像是“行走的垃圾箱”，迫切需要找人倾诉。一旦有倒霉蛋接纳，他们就会把身上所有的“垃圾”转移出去，自己则“高高兴兴”地继续用“负能量”感染下一个人。

遇到这种人，要么迅速地躲开，要么用尽全力地转移话题，把焦点转移到快乐的事情上来。总之，不要顺着对方的思路走。否则，你很快将会被对方的负面情绪感染，变成另一个“垃圾人”。

第二十二条：批判原则

• **缺点是问出来的，但批评要讲究方法。**越是熟悉的人，越清楚对方身上的缺点。而大多数缺点，则是聊出来的。如果在聊天过程中，你发现对方说的某句话或者某个观点中蕴含了他自身的一些缺点，你可能会忍不住想要说出来。但是，我们平时常被告诫“忠言逆耳”，这意味着如果批评别人，就可能会得罪别人。

那么，有没有“不逆耳”的忠言呢？有，但你需要讲究一下批评或责问对方的方法。

第一，批评要有实际意义。不能吹毛求疵，或者因为看不惯对方就随意地指责。原则就是，学会对事不对人，让对方在第一时间就充分地意识到，我们批评的不是他本人，而是批评他的错误行为。

第二，批评别人一定要尊重客观事实，而不要捕风捉影。现在有的人批评别人时，动不动就上纲上线，乱扣帽子，甚至无中生有，恨不得置对方于死地。这种批评非但起不到指正的作用，还会引起对方的抵触情绪。比如，员工因为一时疏忽，导致报告中的某个参考数字出错，此时领导可以针对这个问题造成的后果进行批评，但不能严重到因为一个错误而否定员工之前所有的表现，将员工直接划入缺乏责任心的行列。

批评一旦超出了事实范围，就会刺伤对方的自尊心，最后可能会演变成人身攻击，让对方感觉自己的人格受到了侮辱。这样的结果就会变得一发不可收拾，失去控制，本来能解决的问题就会越变越糟，员工也会就此站到你的对立面，日后将可能故意给你制造更多的问题。

第三，批评别人要诚恳，目的要纯净。我们批评一个人的目的是帮助他人意识到错误并改正，而不是为了批评而批评。如果是这样，批评就成了找茬和耍威风，这样的人是令人讨厌的。

所以，批评他人时，态度很重要。你待人态度诚恳，充满了关怀，别人才会觉得你的批评中肯，愿意与你拉近关系；你的态度糟糕，盛气凌人，则会让对方产生逆反心理，即使有错也不肯承认。最好的批评方式是和颜悦色，摆清事实与道理，让人感觉到身处一个安全的谈话环境下，虽然遭到了指责，但依然有改正的机会，这样才能达到沟通的目的。

第四，不要简单否定一个人。每个人都不可避免的会犯错，但不能因为一个错误就否定一个人的所有优点，把一个好人说成一无是处的坏人。比如，“我算是看透你这个人了”“你已经无可救药了”“你从来就……”“你总是……”这种简单的否定会使对方认为你对他抱有成见，从而产生更加强烈的对立情绪，最后，你批评的力量会被大大削弱，甚至在对方身上完全起不到应有的作用。

第二十三条：情感原则

• **好的沟通基础是感情。**一次敞开心怀的、愉快的聊天能让人释放压力，调节心情，从而更好地投入到生活和工作中。学会一些必要的聊天技巧，会增进双方的感情交流，促进关系更进一步发展。比如，很多时候，情侣在一起待得时间久了，彼此会感觉对方不在乎自己了，甚至怀疑对方是否移情别恋了，但实际上，可能只是沟通方式出了问题。两个人的沟通不再像以前那样富有感情，而是逐渐变得麻木。

热恋时，你对恋人说我洗澡了，之后还会说我洗完了。几年后，你说完我去洗澡后，就像消失在了浴室一样。

热恋时，你会对恋人说我去吃饭了，之后还会告诉对方你吃了什么，吃没吃饱。几年后，你说完吃饭去了，即使对方追问，你甚至只会用“我都忘了吃什么了”来敷衍。

热恋时，出门你会对恋人说我出门去了，回家了还会亲热地告诉对方回来了。几年后，你闷声不响地出门，闷声不响地回家，好像家里就只有你一个人一样。

说到底，不是人和人的感情变了，而是因为太熟悉、太习惯，所以抛弃了过去沟通的方法，扔掉了富有感情的仪式。现在回头看看你与伴侣的聊天记录，最开始时，是不是连标点符号都带着温暖的含义？而现在呢，文字变得和标点符号一样可以省略了。

同理，我们与朋友、同事乃至客户聊天时，也应时刻谨记这条原则：永远不要忘记了“情感”的存在。要注意表达你的情感，让自己的话语充满温度，对方才愿意跟你沟通。

第二十四条：表情原则

• **善用你的表情。** 你有没有发现，在当今的网络社交中，如果没有表情包的参与，我们已经很难准确地表达自己想表达的内容？甚至在很多时候，多么华丽的的文字都不如一个表情表达得更为准确。比如你想要表达“无奈”的情绪时，一个无奈的表情绝对胜过千言万语。这也从侧面表明，聊天时对表情的使用是非常重要的。

在文字语言中，如果不添加语气的助词，会很容易让人误会自己的情绪，而一个表情符号却能声情并茂地表达出你此时此刻的心情、说话的语气、肢体动作等，让对方更好地理解你，增加聊天的趣味性。这就如同我们在与人面对面聊天时，会做出微笑、摆手、点头等动作一样，令对方能在第一时间接收到准确的信息。

所以，在用网络聊天时，不妨在自己的聊天软件里多存储一些符合你趣味的表情，尤其是不知该怎么接对方的话时，这能够很有效地帮助你化解尴尬。

而在面对面的聊天中，我们则要善用自己的面部表情，配合到位的语言，营造出良好的氛围，精确地表达出自己的意图。

第二十五条：“关键词”原则

• **运用关键词捕捉和传达信息。** 当你与别人沟通时，为了更准确地捕捉对方传达的信息重点，可以运用“关键词”原则，重复对方话中的关键词，或者使用关键词来传达消息。

比如，对方说：“我清明节那天去爬山，人好多啊！”要注意，这句话中，对方要表达的关键词是“爬山”，而不是“人好多”。如果你对对方说："清明节嘛，人肯定多的。"这个话题基本上就聊不下去了，而如果你问："清明节你去爬山了？有什么好玩的吗？"这个话题就有的聊了，好山好水好风景，怎么聊都聊不完，而且你也能参与进去，聊一下自己的爬山经历。

有的人不会聊天，觉得和别人根本聊不下去，一个重要的因素就是他不会捕捉关键词，也不会使用关键词，结果就容易导致话题的中断。关键词的使用技巧，就在于把握对方想聊的重点在哪里，看到对方想展示什么，然后有的放矢，这样才能聊到对方的心里去，让对方愿意和你深聊。

第二十六条：底线原则

•别打探对方的隐私，这是最起码的底线。许多人在聊天和提问时有一个挺不好的习惯，就是喜欢打探别人的隐私，比如，薪水有多少、房子买了没有、女朋友的家是哪儿的、什么时候结婚……这些话题看起来无伤大雅，实则容易招致对方的反感，有些问题可能正是别人不愿谈论的，却被你一直追问，侵犯到了他的隐私，也触碰到了他的底线。

尽量少问的话题一：薪水问题。

在国外，薪水算是一个很隐私、很私人的问题了，但国人却似乎非常热衷于打听。换位思考一下，如果你比别人赚得多，当然有理由炫耀一番；但如果你薪水微薄，是不是还愿意让大家都知道呢？

现在很多公司都有不成文的规定：禁止职员之间互相打听薪水，有时老板也会在发薪时单线联系员工，叮嘱其不要公开数额。因为每个人的能力不同，即使岗位相同也会有不同的薪水差异。如果被薪水少的员工知道："那个家伙工作能力根本不如我，竟然比我的薪水高！"就很容易引发矛盾；一些同等岗位但收入低的员工则会把矛头对准老板，觉得自己遭遇到了不公的待遇，再找到其他同事抱怨，将会引发不小的风波，影响公司正常的工作氛围，破坏团队的团结。

尽量少问的话题二：家庭财产。

不管你的家里有多少财产，都不要拿去向别人炫耀。如果你条件优渥，固然会迎来艳羡，但同时也会招致忌妒。即使是再亲密的朋友，也不要轻易分享或试探对方的家庭财产的问题。

有的人会有牢固的、不可消除的自私的基因，如果对方别有用心，你的"坦率"就会成为日后的祸端。尤其是在办公室里，永远不要炫耀你在某些方面的优越感，也不要凭此去刺探别人的缺陷。同事之间是完全的竞争关系，你越张扬，就越讨人嫌。所以在聊天时务必低调、少问别人的家庭财产情况，与别人的隐私绝缘，才是最好的选择。

第二十七条：破冰原则

• **和陌生人聊天，要懂得"破冰"的技巧。**两个人在刚刚认识时，由于是初次接触的陌生人，所以除了姓名、外貌、工作单位等内容以外，其他信息可能彼此都是一无所知的。这时，彼此之间都是神秘的，沟通上也会小心翼翼，不冷不热。在交换完基本的社交资料后，前期阶段的任务其实很简单，就是进一步了解对方，展开一场艰难的"破冰之旅"。聊天的重心应放在双方的生活动态和兴趣爱好上，这将为后面的沟通打下良好的基础。

比如，你从对方的朋友圈中发现他是一个喜欢运动的人，那么你可以就运动方面多谈论一下，比如你喜欢哪些运动项目，有氧运动还是极限运动，为了健身还是为了减肥，以及坚持了多久等等。聊天的话题不要过于拘谨，要有适当的调侃和自嘲，充分展示自己性格中的优点，这些做法都能增加你在别人眼中的好印象。只要双方都能够打开话匣子了，“破冰”就算成功了。

第二十八条：共振原则

• **好的提问需要形成共振。**在经过了初期的简单了解之后，双方都对对方的性格、行事作风、思维习惯、说话的风格等有了初步的判断：这个人是否值得继续交往下去？可以发展到哪一步？对这些问题，相信你们的心中都已经有了定论。如果觉得对方还不错，三观一致，有话题可以聊，那么接下来就是寻找和建立交集了，要充分对接双方的价值观，形成共振。

比如，男女之间的约会和聊天，并不是简单地坐在一起吃饭和看电影，需要有一定的目的，也要有一定的计划。你见了姑娘一面，对她心生向往，想要有进一步的发展——从陌生人发展成普通朋友，再从普通朋友发展成恋人，那么你肯定要发出约会的邀请，互相深入地了解。这个阶段的聊天应该说些什么呢？如何用正确的沟通方式说服对方呢？

这时，我们肯定不能再打听一次对方姓甚名谁、家住何方，要聊一些深层次的话题。建立在“破冰”的基础上，在中期阶段，我们的聊天应注重彼此话题的“舒适感”，更多地加强“联系感”，把话题延伸到彼此的工作和生活方面，从而产生强烈的共振。

比如下面的聊天：

你：我发现你好像喜欢音乐？

她：我喜欢摇滚。

你：真是想不到啊！你可真让人大开眼界，我觉得你属于喜欢古典音乐的类型。

她：为什么这么说？

你：怎么说呢，感觉你身上有一股温婉娴静的气质，可远观而不可近身的距离感。其实我也很爱音乐，以前还拿过奖呢！

她：是吗？这么厉害？

你：当然，小学一年级歌唱比赛第一名。

她：没想到你还挺幽默。

你： 开个小玩笑，下个星期正好有个音乐节，有没有兴趣一起去？

这样的聊天方式非常有效，也能切中对方的敏感区域，找到双方的共同兴趣。对方既加深了对你的了解，还对你有了更好的印象。最后，你邀约对方一同去音乐节，这是在建立联系感。只要她没有明确地表示自己没时间，那么你们基本上就会有进一步的发展。到这一步，可以说你们之间“和谐的共振”就形成了。

第二十九条：“保留观点”原则

•仔细倾听，不要急于说出你的想法。人们在阐述与自己有关的事情时，都会从一个于己有利的角度去说，有时你会忍不住先下一个结论，然后再一步步地引导别人去提问，用倒推的方式证明自己是站在正义或正确的立场这一边的。当争论发生时，人们通常会被某一方的情绪感染，忍不住和对方同仇敌忾，痛斥另一方的不是。这就是大多数和立场有关的辩论都不会有什么结果的原因所在。

如果你的朋友对你倾诉他的不幸，真心地安慰对方、与他一起分担苦恼是应该的，但要把握一个度。有的人特别入戏，讲述者自己还没什么反应，作为听者却已经暴跳如雷，对其生气、愤怒之情火上浇油。这样的人容易被别人的情绪左右，也容易被别有用心的人操纵。其实，当别人向你倾诉时，你的作用就是安抚和疏导，告诉对方要冷静下来，帮助对方分析事情的来龙去脉，最终解决问题。而不是着急地顺着对方的逻辑下一个冲动的结论，结果大家都陷入一个思维的盲区中，一条道跑到黑，最后问题还是得不到解决。

认认真真地听对方把话说完，然后再问问对方心里是怎么想的，别着急表达自己的立场。特别是对待别人的感情困扰，不要轻易做那个给他出主意的人。有的人向你倾诉自己的感情不顺，并不是让你出主意，仅仅是为了倾诉和宣泄而已。他的内心其实早有主见。如果你话还没听完，就劝说对方赶紧分手、赶紧离婚，最后对方可能并不会感激你的"好心"，还会把自己的问题怪罪到你的头上。在气头上时，他当然会感激你的建议；可一旦风平浪静，他可能会想："那个人动机不纯！"

所以，当有人向你讲述一些与你无关的事情时，你可以保留自己的观点，而且非常有必要保留自己的立场。你要三缄其口，并且充分考虑到你的话可能会对别人造成的影响，三思之后再去给出建议。

第三十条："三分钟"原则

•提问时应该长话短说，一个问题不要超过三分钟。在电话礼仪中，我们知道有一条"三分钟法则"，就是说，主动打电话的一方，要尽量将时间控制在三分钟以内，如果不是十分重要和紧急的事情，最好长话短说，尽量少占用别人的时间。这一条法则同样适用于日常面对面的聊天，在阐述事实时尽量不要超过三分钟，否则会令听众失去耐心。

现实中，有的人说话特别啰嗦，拖泥带水，一个小动作或一个不重要的话题也要讲得一清二楚，明明一句话能讲清楚的问题，用四句、五句也说不到点子上。因为一时抓不住重点，无关信息太多，常常令听者极不耐烦。但基于聊天的礼仪，听者又不好意思打断那人。耐下心来听到最后，听者已是满腹牢骚，本来有的一点点共鸣，也因为情绪上的极度厌倦，情不自禁地就会将自己想表达的观点进行浓缩处理，对那人的支持力度也会下降。

因此，我们要有充分的自知之明，聊天时一定要注意"长话短说，挑重点说"这一重要的原则。除非对方明确表示让你"从头慢慢说"，否则就不要喋喋不休，耽误别人的宝贵时间。另外，聊天中在讲自己的故事时，一定要多多注意察言观色，如果对方表示出了不耐烦或者并没有兴趣——哪怕是一丁点儿的厌烦情绪流露出来，就要立刻停止，不要自讨没趣。

•提问时应该适可而止。你一定遇到过这种人，打电话说完再见之后并不急于挂断电话，而是在电话那头不停地"嗯嗯嗯，好的好的，嗯嗯……"就好像他仍然还有话要说一样，搞得对方一头雾水，不知道什么时候挂断电话才得体。有时候，这个环节甚至长达十几秒钟，而之前聊到正事的时间也许不过20秒。

还有的人为了确认对方确实已经记住了自己的话，会在谈话即将结束时不断地重复，即使对方已经再三保证过了，他可能仍会反复地铺陈，这也让人非常无语，因为这是极不信任对方的一种表现，就好像在质疑："你真的记住了吗？我还是再说一遍吧！"

还有一种人是典型的"祥林嫂"，逮住机会就对人诉说自己的不幸，虽然刚开始时大家会对其报以同情，柔声细语地与其聊天以示安慰。但久而久之，此人仍是一副委屈无比的态度，到处诉说他的遭遇，人们对其就开始避之唯恐不及。

这些人其实都不懂得"适可而止"的道理，意识不到自己的行为正在给别人留下困扰，白白浪费双方的时间。正确的做法是，电话打完时就应该痛快地挂断，说过了一次的事情就不要再跟人絮叨，否则会给别人造成你很拖沓、不爽快，甚至缺乏素养的印象。